JPC

東西食

不學無食

增訂版

于逸堯 著

序

不如重新由學懂拿筷子開始

我自幼就相信，要為身為中國人而感到驕傲。我知道許多朋友，今天對「中國人」這個本應純正簡單的名詞，無奈地多了許多雜念。我這個「中國人」的意思，是來自唸幼稚園和小學時，學中國語文及歷史，知道堯舜禪讓、大禹治水，學習鑿壁偷光、破缸救友，仰望精忠報國、身先士卒，這些你說是守舊也好，虛偽也好的民族價值觀念。這個「中國人」，所指的理應是超然於旗徽式樣或時代佈局之上，從文化層面來界定和解讀因同種同文而歸納出來的群體存在形態，是比你我他的自我身份認同要大要高要遠的事實。

有人會這樣看：生來便是中國人，有甚麼好驕傲的？甚至可說：應該以身為中國人而感到羞恥，因為中國人很醜陋。這些說法我都不反對。除了並非全無道理，另一個不反對的原因，是我不應靠反對其他見解來確立自己的觀點。我的觀點很簡單，只是對自己民族幾千年來面對世界和自然時，發展出有建設性的文化遺產，鋪陳出那千姿百態的飲食圖譜，和擁有長時間孕育出來的民族智慧表示應有的感嘆。我不是印度人波斯人，不然我也會以同樣的心情引以為傲；現在，我只能夠以外國人的身份，仰慕及尊敬他們的歷史文化；而我卻有絕對的基礎和因緣，去以中國人的身份為華夏文化感到驕傲。

然而，很悲哀地，這些驕傲往往需要外人的認同，我們自己才有勇氣擁抱。不看別的，就看內地電視台常找來說中文的洋人坐鎮，便多少反映這種自卑心態。沒多久前，有位朋友嫁了美國人。她家公和婆婆相信是因為多了個香港媳婦，才會動身來亞洲一行。除了必定要去的香港，還特別去了北京。對年過七十，幾乎從不出門的老外夫婦而言，北京肯定不是一個超級舒適方便的地方。但行程完結後，回來時疲憊不堪的他們，見到我的第一句話是：「You should be proud of your country's rich history.」這可能是客套話，但對許多香港人而言，卻有若一記酸甜苦辣的耳光。

耳光，我上館子時真的常有衝動，想給某些他和她狠狠的一記。我是個自身難保卻偏愛矯枉過正的愚人，看人家不尊重食物文化，心裏就無名火起。我們不是豬，我們吃東西是應該有尊嚴、有學養地吃的。身為中國人，吃的尊嚴和學養始於一雙筷子。看過一篇文章，訪問日本人對中國人的印象。在他們眼中，開創筷子文化的民族，其直屬後裔竟有一大半人都不懂得正確地去拿起它、運用它。中國人最愛面子，但只顧鑽飾金錶名牌胡穿亂帶，卻不去理會身為炎黃子孫，連一雙筷子也拿不好這種深層次的丟臉。難怪泱泱大國十幾億人，中用的好像愈來愈稀有；連拿筷子這樣簡單的事情也不去做好，談甚麼做大事？

然而，寫過了罵過了，一股忿氣好像給發洩過了，還有人願意把這些牢騷編彙成冊，這絕對不表示我有甚麼了不起的地方，只可能表示了人吃飯我吃飯，我無奈的總較別人吃得心事重重，吃得悲觀心痛。有這樣的一股蠻力去寫成這許多對現實的投訴，可能真的是啟發自學拿筷子的個人經驗。我自小懂得拿好雙筷，正確地、正經地吃飯；但到小學後段，不知是否沾染了發育期的任性反叛之故，事事以錯為榮，連拿筷子也不知怎的拿錯了，而且一錯不可收拾。直到有天，在家人半謔笑半鼓勵之下，我拿定主意要重新學好它。那是初中的事，雖然芝麻綠豆且年份久遠，但卻一直在我心裏一個深藏的位置，警惕著我、勉勵著我。不學無術，暗於大理，我希望自己可以從生活最微細的部分，去學習而且領悟出人生的大道理。這本書的文章，是我把持著這個信念的習作，行文用字粗疏醜陋，盼能帶給看書的人一哧半笑之外，還有多一點點想去發掘事情原委的動力。

于逸堯

丁酉立春前　於香港

目錄

吃東西

食的心態

中餐

知多少

餃不清

餃子VS餛飩

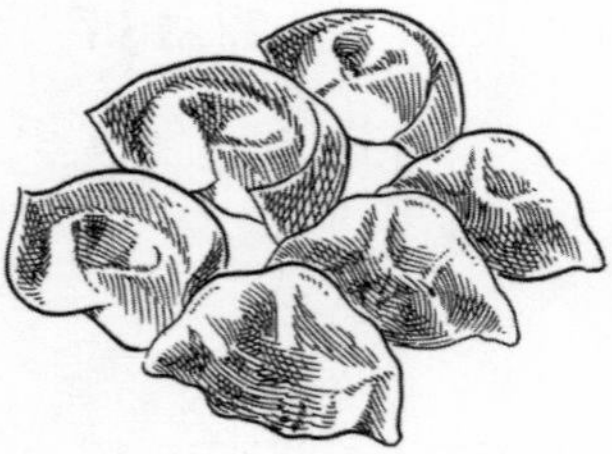

許多時候，我們不進步，是因為自知心裏空虛無實，但又沒勇氣去面對所致。內裏空洞，只有靠外表上擁有許多物質來獲取安全感；內心亦同時死命抓緊固有的觀點，不理是非黑白，就是不放手，怕的是一旦承認自己出錯，那丟面子的打擊，會立時摧毀用來掩飾空虛懦弱的自製保護罩。那時候，人會馬上變得無地自容，感覺自己有如廢物一樣，這是對許多人最致命最恐怖的惡夢。

但事實上，對錯難分本就是世情、

就是道理。個人的對錯當然會影響一些事，但太著意對錯，堅持到一個地步令良知變得麻木，失去聆聽分析的意圖和能力時，就算所堅持的是對的事，也未必等於完全做對了事。這種體會，不是三言兩語可以說得過別人、說得過自己的，而是要經歷錯誤和挫折的洗禮，再平靜客觀地分析，汲取了足夠經驗後，才會拿捏得宜的一種生活哲學。我自己也還在天天學習，和天天體會之中。

天天學習絕不是戲言，只要打開心門，可以學習的東西實在俯拾皆是。譬如那天讀到飲食界重量級前輩劉致新先生的文章，內容提到一種現代人十分陌生的古老中國小吃——「餶飿兒」。劉先生引其出處，是取自描寫北宋京城開封風貌的名著《東京夢華錄》。書中提到每年歲晚自臘月起，一直到正月十九，城中都會出現許多小吃檔攤。有些檔攤甚至擺在皇宮前，連后妃也會使人來買點甚麼的，拿回宮裏給皇室成員打牙祭。可見農曆正月小販四出擺攤，連權貴也樂意光顧，與民同樂共享美食，這是中國人古老的文化；恐怕只有反中國、對中華民族文化不屑一顧的，才會去阻止這種在民間流傳已久，偶一為之的卑微樂趣。

這些檔攤賣的東西，種類繁多。其中有一種叫「餶飿兒」，是劉先生文章所談的重點。劉先生著眼的是餶飿，而我拜讀文章後所為之神往的，卻是那古意盎然的「餶飿」二字。餶飿音「骨朵」，也寫成為「骨飿」，劉先生說是一種「類似現在的餃子和餛飩」的小吃。它有皮有餡，有煎有炸可能還有蒸的。小販手做餶飿兒，把餡料放麵皮中，麵皮封口收得有如含苞的花蕾一樣。然後這一個個小花蕾煮好了之後，再逐一用竹籤串起來，成為可以拿在手上邊走邊喫的方便小吃。這種情景，是否教人聯想起我們香港人「名揚天下」的魚蛋串，又或者更形神皆似「餶飿」的燒賣串呢？

魚蛋、燒賣這等伴隨我們成長的本土街頭食品，我們斷不會把兩者混淆。因為它們都是我們城市顏色氣味的重要組成元素，也是許多人成長回憶的載體。但比較「外省」的餛飩和餃子，兩者間的分別，對不少港人來說卻總是一片茫無頭緒。

要區別甚麼是餛飩甚麼是餃子，恐怕先要搞清楚地域飲食文化上的差異，甚至要去查探了解一些飲食歷史的嚴肅課題，才能尋找到一個全面性而客觀的答案。這種功夫，斷不是如我這樣，坐在家中沙發或者路旁咖啡室的椅子上，單憑自己極有限的飲食知識和經驗，就可以隨便洋洋灑灑、一錘定音。我相信去找出兩者實質上的異同，已經是一個跨學科的研究題目，是要認真做學問才能有所得著的事。而我在客觀條件和個人修為的制約下，是無力就此拋出一套完整且具權威性的理論的。與其說出不準確、欠嚴謹度的個人臆測，我覺得還是別只因為自己有一個發表文字的平台，而去妄下斷語，誤導他人。

可是，以上只是理智的辯證，無減我看到香港人慣常地把餃子餛飩青紅不分時，急躁和氣結的心理反應。上面提及「先要搞清楚地域飲食文化上的差異」，而我家裏的文化背景，當年算是主流香港人口中所謂的「外省人」。我在香港出生，講純正粵語，那時代還不至於被歸類為「撈鬆」（「老兄」的普通話發音，用粵語唸出來所變成的一個謔稱，類似今天把普通話「購物」說成粵語「鳩嗚」一樣）。但我有副不似廣東人士的骨架和面容，那小眾的外省人身份，一望而知。

我媽媽那邊是蘇滬背景，外公不會講粵語，家裏保留了不少江南飲食習慣。許多時候，週末家裏都會吃廣府人說的「雜糧」。比較忙的日子，媽媽可能會煮上一大鍋麵，麵當然是上海麵，然後放最簡單的料頭，好像雪菜肉絲之類。飯桌上例牌放一大碟辣豆瓣醬，當我耍脾氣不肯吃麵，媽媽就會哄我，教我下些辣醬便會吃得開心。我喜歡吃辣，可能也是這樣培養出來的。

吃麵我會耍脾氣，但如果是吃餛飩的話，我就必然乖乖的完全順從，而且還會幫忙包餛飩，當然最後更會幫忙吃掉許多餛飩。餛飩是我自小家裏就經常出現的食物，我對它的理解和認識，是從原材料到製成品的一條完整脈絡，不像其他兒時的街邊小吃如臭豆腐、牛雜、糖蔥餅那般，因為跳過製作過程只吃到製成品而產生認知距離。在家說到餛飩，從來不會加「菜肉」二字在前面，因為裏面包時菜豬肉餡是理所當然的事，無須再作累贅陳述。所以，我從來不會把餛飩當作是餃子，因為餛飩就是餛飩，跟餃子在外形和食感上都是兩碼事。就好像你斷不會把鹹蛋和皮蛋，或者腸粉和沙河粉搞亂搞錯一樣。

為甚麼香港人對於外貌大不相同的餃子和餛飩，會產生如此嚴重的混淆，會這樣無法分辨呢？按我自己的粗疏推算，可能有兩個原因。首先，因為在廣東菜的原則下，用外皮包著餡料的食物，通常只會是點心和小吃，不是如粉麵飯一樣用來填飽肚子的主食。所以，在香港人的飲食文化基礎上，餛飩和餃子都有種「不正規」的感覺。不正規自然就不常吃，不常吃的話，接觸的機會便不多，因此對它們的認知度薄弱，也是自然的事。

其次，大眾可能根深蒂固地被廣府版的水餃雲吞佔據了思維，當提到餃子和餛飩時，不自覺用了粵式雲吞的思路去閱讀和理解，引致對這些「外省」食物有所誤會。粵式水餃和雲吞是同一家族下的兩兄弟，吃法也相若。它們都是正餐以外的食品，是夜宵時份吃的，是搓麻雀搓得餓了，不用離開戰局，幾啖便能吃完的精美點心。粵式雲吞和水餃當然在餡料的成份和包成的外貌也有不同，但基本上，它們可說是出於同一屋簷下。有好些對食這課題不甚了了的港友，其實連粵式水餃雲吞也分不清，可見它們委實有相似之處。

其實「餛飩」和「雲吞」，寫出來就是兩樣東西。粵菜甚有可能是取其讀音，變化出「雲吞」這個雅趣而富想像力的名字。「餛飩」一名借莊子所言「七竅出而渾沌死」，取「混沌」（亦作渾沌）本是個沒有五官的肉球這個傳說。所以，有說餛飩的外貌，就是沒有眼耳口鼻的一隻「混沌」，浮遊在宇宙洪荒。碰巧它也是古代「四凶」，即饕餮、混沌、檮杌和窮奇四頭惡獸之一，後世亦有借饕餮來表述和食有關的一些事情。從「餛飩」發音變化而來的「雲吞」就跟這個典故無關了。

至於「餃」這個字，有說原來叫「餃餌」。它也是用皮包著餡料的食物，但成品的形狀有角，大約呈三角形。再探查下去，見《正字通》有提到：「餃……今俗餃餌，屑米麵和飴為之，乾濕大小不一。水餃餌即段成式《食品》『湯中牢丸』。或謂之粉角，北人讀角如矯，因呼餃餌，訛為餃兒。餃非飴屬，教非餃音。」可見這也可能是讀音上的流轉，本來這東西就是「角」。廣府人便有「油角」、「角仔」、「芋角」、「鹹水角」、「煎蛋角」、「明蝦角」等等，用了「角」這個稱呼。而這些角的外形，其實亦絕對能夠歸類為「餃」，跟經典的餃子，不論在概念上抑或在形狀上，都是大同小異的。

袁枚的名著《隨園食單》中，〈點心單〉內有提到肉餃，而且記述它有另一耐人尋味的名字——「顛不稜」。「顛不稜即肉餃也，糊麵推開，裹肉為餡蒸之。其討好處全在作餡得法，不過肉嫩、去筋、作料而已。余到廣東，吃官鎮台顛不稜甚佳。中用肉皮煨膏為餡，故覺軟美。」這個「肉皮煨膏」，完全是今天廣府傳統灌湯餃和江浙灌湯包子的做法，所以後人相信袁枚吃的「顛不稜」，就是今天湯包和灌湯餃的原型。

其實「顛不稜」這名字，對懂英文的人來說，應該有點妙趣的聯想吧。英國人的飲食文化中，沒有像我們的餛飩水餃這類食品。可以想像他們最初來到中國，看到我們五花八門的餃子，聯想到自己家鄉的「麵團」（dumplings），於是就把這些看不懂的美味小吃，全都叫做 dumplings。「顛不稜」便是這個英文字的中文音譯。袁枚是在廣東吃到顛不稜的，而「鎮台」是清朝綠營總兵的別稱。在廣東與洋人接觸的機會比較多，因此從英國人口中學得「顛不稜」這個叫法也很合理。

Dumplings 本身，跟餃子和餛飩是兩碼事，所以絕對不是一個最合適的譯法。但今天，你看世人還是把我們千變萬化的餃子餛飩，全都只用 dumplings 一字來概括了事。反觀日本人，他們便成功教育西方人分辨 ramen（拉麵）、soba（蕎麥麵）、udon（烏冬）、somen（素麵），還令這些原本是日文的音譯詞，變成平常慣用的英語。中國人神奇的拉麵，大部分人只叫 noodles，無人曉得何為 la mian；如果迷信洋人主流文化為尊，這例子就馬上展示出兩國人在西洋鏡中強弱之差，不由得你自吹自擂，自我感覺良好。

談到日本，他們有種麵食很受大部分中國人喜愛，台灣叫「烏龍麵」，其實是日文「うどん」（udon）的音譯。香港人索性麵字也不寫，就叫「烏冬」。其實查看一下日語原文，「うどん」的漢字寫法是「饂飩」，但所指的絕對是麵條，而不是我們現代中國人所講的「餛飩」。售賣日本三大烏冬之一「稲庭烏冬」的百年名店「稲庭養助」，招牌上就寫著「稲庭饂飩專門店」。日語中饂飩一詞，無疑是來自中國的。但為甚麼和從甚麼時候起，饂飩所指的變成了麵條，這個問題我就沒有找到答案了。類似的疑雲，在尼泊爾餃子（叫做「momo」，很可能和我們的「饃饃」有關）和韓國蒸餃（叫做「饅頭」）都有出現，都是一些我們中國人看起來是餃子的東西，卻換了一個在中文裏用來指其他麵粉類食物的名字。

最後，回想從劉致新先生文章提及的「餶飿」，到上面說的「餛飩」、「饃饃」、「餃餌」一大堆，以宏觀角度看，多少證明了飲食文化是不斷在變化的。就好像世界上所有的事，沒有永恆不變，亦沒有絕對的錯對。所以，我看不過眼香港人餛飩餃子分不清，其實也不過是一種執著，或甚至是一種無知者的自大驕縱而已。

虛榮雲吞

全蝦不代表了不起

不知道從甚麼時候開始，我們粵港澳的共同文化遺產「廣東雲吞」，好像受了輻射污染一樣，生出了比乒乓球還要大的恐怖怪胎。怪胎不但體積畸型地膨脹，它們的內涵也由原來經過精心調配和合的剁肉餡料，變成了毫無烹飪技巧可言，只是賣弄矜貴食材的發水全蝦。於是，人人都一窩蜂似的去吹捧這種「虛榮雲吞」，藉著不理好醜瘋狂往自己身上貼金的「暴發」行為，滿足貪小便宜的「師奶」心態，亦可安撫前世未曾享過福的遺憾。

在未曾出現這種怪胎之前，「廣東雲吞」一直都是既美味又優雅的傳統民間小吃。一隻個子小巧玲瓏的點心，當中包含的功夫卻殊不簡單，都是經過前人的細心思量，由外表到內涵都有其美學上的原因和生活上的實用性，充分表現廣東地區飲食文化成熟與細膩的一面。

「雲吞」這小巧而有趣的名字，是否來自北方及江南一帶的主食「餛飩」，沒有做過科學性的資料求證真的絕對不敢說準。有可能在很久以前，識途的廣東老饕們只取「餛飩」的讀音，把字義升華，令其意境飄逸且形態呼之欲出：一朵朵隱見緋紅的祥雲，浮游於天地間一池像晨曦一樣淡黃清澈的溫湯之中，徐緩靜謐、妙趣橫生。

「雲吞」是種小吃，原本的設計，相信是為了在正餐之間，提供巧手點心來給饞嘴鬼們小打牙祭，滿足一下他們的口腹之慾。「雲吞」是點到即止的消遣性食品；它是精緻的手工點心，不是用來填滿肚皮補充體能的主食。所以，「雲吞」的外形應該是小巧的，每粒好比成年男子兩個大拇指頭合起來的大小，還拖著好像金魚尾巴一樣優美地鬆開的一褶麵皮，造型跟它北方的遠房親戚「鮮肉小餛飩」相近。北方人吃「小餛飩」，通常是放在內有蝦皮蛋絲的清湯中當早餐吃；廣府人士就更仔細一點，「雲吞」配一小撮上好生麵，浸在燙熱的甫魚上湯中，加些韮黃和兩滴豬油，分量不多。重點是，「雲吞」無論如何不應體形過大，要一啖一粒，配合它閒趣的本義。這樣吃起來，不但比大粒的簡單優雅得多，剁好了調過味的精製豬肉及蝦肉餡，也能完整地在口中滲出鮮味。不像那些大隻全蝦「乒乓球雲吞」，分兩口三口才能吃完一隻，弄不好隨時中途皮肉分離，一塌糊塗。如果是要吃鮮蝦，那我何不平常省點錢，等待喜慶日子，乾脆吃一頓白灼蝦或者玻璃明蝦還要來得實際。何必貪這一點小便宜，以為十元八塊有大件蝦肉入口，還要人家專門去捉些活跳跳的大隻游水鮮蝦作餡？其實吃下去的大都不過是些死蝦而已，自己騙自己。

餛飩本無麵

上海的正宗食法

我肯定不是第一次寫這個故事。但我還是願意找個新角度，不厭其煩地疲勞轟炸讀者，因為這故事於我確實有一點重要性和啟發性。它令我不斷反省和反思，飲飯食德在我們今天的社會，還有甚麼意義和功用。

話說從前我家樓下有家小店。店真的很小，就算是用香港的變態建築空間標準來衡量，依然是很小。店裏有個狹窄非常的開放式廚房；座位只有十五個，共四張方形桌子。店子開門的時間也很有限，晚一點去就常常遇到甚麼都賣清光明天請早的狀況。而店裏所賣的，是香港難得一見的正宗上海麵食。

上海麵食是一碗就能完整的安樂飯，包含了澱粉類主食、蔬菜、魚或肉，還有醬料湯汁等，熱氣騰騰地融為一體，如實地袒裎在食客的面前。這種食品的風貌，和江蘇地方各處精彩細膩的麵食文化同步成長，並加入了上海本幫濃赤甜香的口味，是充滿情懷的民間美食。

店子除了麵，還有賣餛飩。上海餛飩是家庭菜，家家戶戶都做，做法各有不同，但精神面貌一致。我自幼在家就吃媽媽做的餛飩，那是幼年的味道，家的回憶。在家吃餛飩，從來不會跟其他主食一起吃，因為它有菜有肉有澱粉，本身就是設計完美的食物。所以，小店的菜牌上，亦只有「上海餛飩」而沒有「上海餛飩麵」這種怪東西。每每有客人硬要點餛飩麵，老闆都會義正詞嚴地說：「我們餛飩一碗八粒；你即是想點一個陽春麵，然後加四粒餛飩這樣吧」，然後馬上轉個頭向廚房裏直喊「陽春麵加餛飩」，怎也不肯從他口裏吐出違反自然的「上海餛飩麵」這五個字。

故事看罷了，你可能會覺得老闆不近人情，矯枉過正；但我卻心深明白他的感受。一個地方的飲食文化，是那裏的人對家鄉最不能言喻的情感連結。把家鄉的食物帶到異鄉，是希望和別人分享自己對故鄉文化的驕傲。尊重就是這樣一回事，出外旅遊學一兩句當地語言的問候語是種禮貌；現在去人家的店吃人家的家鄉菜，跟隨人家的吃法是打開心扉的體會與交流。你可能說老闆應該看開點，「入鄉隨俗」；那我相信老闆他去飲茶，也不會要求要有鹹豆漿粢飯來滿足他的個人口味吧。這，才是入鄉隨俗，而不是你去他們的文化範圍，叫他們去改變自己來遷就你。

我不是想指出，這裏有甚麼絕對的對與錯。只是想從這個故事，看一看普遍香港大眾如何看飲食。飲食已經成為了世界最新的文化生活熱門課題。香港作為一個在這個範疇有潛力的城市，是否應該超越低層次的純消費態度，多去認真學習，增廣見聞，好與世界接軌呢？

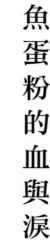

魚蛋粉的血與淚

傳統粉麵的沒落

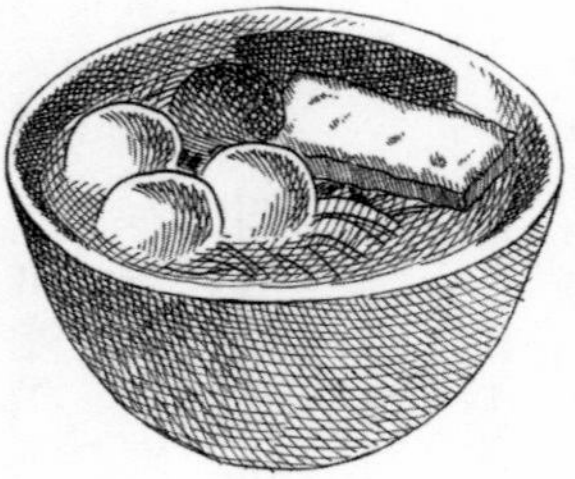

在一次飯局中，有位朋友感人肺腑地道出一個現象：今天在香港，要找尖端高檔的美食，菜式哪怕是廣東、日本、法國、意大利、西班牙，都不難找到一等水準的地方；但要找一碗到位的傳統魚蛋粉，卻是件艱難事。

這位朋友的話教大家表示贊同，亦教大家搖頭嘆息。土生土長的香港人，如果心繫本土情而非淘金熱，一定能領會嘆息的原因和箇中的悲涼。香港人早已被動地成為物質主導價值觀的奴隸，把生活質素和銀碼的大小掛鈎。銀行戶口分等級，里程積分又有等級，信用卡、保險、健身中心、會籍、酒店房間等，全以消費多寡來分級。整個社會沉迷於花得愈多生活便愈好的幻象，為花錢而花錢，為花錢而存在。

於是，好像魚蛋粉這種廉宜又美味的東西，便再無立足之地，因為平凡節儉、安份守己已經不合時宜。周遭的事物全都要披上虛假的華衣；魚蛋粉也變得不求味道，不遵傳統，只要包裝故弄玄虛，吃罷感覺蘇豪，就算價錢完全不反映食品質素，吃的人也沒有怨言。反觀價廉物美的真材實料，卻被無限上漲的租金趕盡殺絕。

這個魚蛋粉事件，除了引發以上牢騷，也令我想起一件從來都不明白的事。從前在香港，吃魚蛋粉的地方很多，風格各異。小時候如果長輩想吃一碗到位的，靠近「潮汕式」的魚蛋粉，還是會老遠跑到香港仔的「山窿謝記」。我第一次吃魚扎（或稱魚卷）和魚皮雲吞是在謝記；第一次知道吃魚蛋粉除放辣椒油外還可以放魚露也是在謝記；第一次吃幼身粿條而非粗身沙河粉的魚蛋粉也是謝記；初嚐魚蛋粉加紫菜亦是謝記。

當時在市區也有許多不同的麵店供應魚蛋粉。但不是專賣魚蛋，而是同時賣廣東雲吞麵、柱侯牛腩、南乳豬手的店，湯頭會很不一樣。無論湯頭如何，我最感不解的，是常常會看見食客把大紅浙醋直接加入魚蛋粉裏去，弄得紅彤彤的。記憶中，長輩們說雲吞麵店有大紅浙醋作佐料，是因為有些造麵的為了麵條口感「彈牙」，又不願花時間在揉麵的功夫上，於是鹼水下得重，令麵吃起來會帶嗆鼻的味道。放少許大紅浙醋，可以中和鹼水味，亦不會令湯汁變酸。

但魚蛋粉的粿條是沒有鹼水的；下浙醋不但令湯頭變酸影響鮮味，也令一碗白璧無瑕的湯粉無辜染紅。當然，口味喜惡各有不同，人家就算倒吊著吃魚蛋粉也不關我的事。我只是很想知道，這種吃法是有味道文化上的根據，還是由誤解而來的錯吃。不幸的是，飲食大民族如敝國，嚴肅研究飲食文化的書籍卻寥寥無幾，想考證也無從入手，苦留我這多年來的疑團依舊懸空。

不甜之甜

甜品的本質

唸大學的年代，校方已有通識課程這概念和安排。四年大學生涯中，一年級要修讀最多通識的科目。還記得當年學習過甚麼是邏輯思維，好像修讀過一個叫「思想方法」的課程。未到二十的年紀，還披帶著堂堂大學生的身份，一般來說都是自以為是的居多。上了那幾課邏輯基本理論，略懂皮毛便以為是個思想家，到處去挑戰別人智力的大有人在。以雕蟲小技威嚇母校的師弟師妹們，更是許多因自卑而自大的大學生，搞個人崇拜的常見手段。

雖然本人在那時候亦未能幸免，曾是招搖自負大學生群中的一員，但現在回想過來，這些課程對我們的影響是隱藏而深遠的。它對我們及後看世界的眼界和眼光，有決定性的影響。它幫助我們在混亂含糊，且充滿語言謬誤的現實社會中，不致輕易迷失。

香港人可能已經非常習慣被語言暴力襲擊。扭開電視，看政治人物胡謅恐怕早已看到麻木，社會上歪理橫行更是家常便飯。不知是否因為胡言亂語而身心交瘁，大家有些集體行為和思想開始「不邏輯」。而這些不邏輯表面上彷彿完全正常合理，甚少惹人起疑。在我自己比較關心的飲食文化範疇裏，近十多二十年以來，就靜悄悄地培育出不少這些奇詭無理（或者是我個人覺得奇詭無理）的食相。

其中我認為最迥異，但又最有廣泛認受性的，就是不甜的甜品。廣東人對「甜」的美學概念，素來求清不求濃，這是固有的地區文化特色。但「清甜」和「不甜」，在客觀味感上，無論如何也不能說是同一樣吧。粵式甜點甜湯中複雜多變的甘味層次，令甜這種味道變得不單調和不平板。甜度方面也會因應整體調味的設計，配合食材本質而適度調動。譬如燉雪梨或清補涼這類清潤甜湯，的確無須過度放糖；但口味濃郁如花生糊或合桃糊等，甜度不夠不但影響食材應可發揮出的效果，更違背甜湯原本的意念和精神。

但是，我真的在不少香港的甜品店，吃過完全沒有甜味的甜品甜湯。這些店都是白紙黑字標榜「甜品不甜」，而且似乎因此而門庭若市。我絕對不會因此對店家有任何看法，因我明白在香港，客人的主觀個人喜好，已被提升至神聖不可侵犯的地位。恐甜的心態，不知是從何而來的。怕長胖？為健康？趕潮流？還是人云亦云？吃甜品，是為了生理上滿足本能對糖的渴求，和以甜味成全一頓飯的完整體驗。又怕又愛是人的軟弱本性；不適合吃糖，乾脆別吃就最是正經。如果怕長胖，理應去運動筋骨；又要有消費甜品的快感，又不要對自己的慾望負責，邊做懶骨頭邊追求自欺欺人的假甜品，甚麼都貪甚麼都想要，結果甚麼也得不到。

大吉利是

壽桃VS壽包

我們香港人，許多時都不知為何的，會給內地和台灣的同胞們一種「洋化了」的印象。當然，在道理上這是完全不難理解的。那逾一個半世紀的殖民統治，的確把一些西歐的深層次文化概念，植入我們好幾代人的腦袋裏面去。這些概念，在意識形態上影響了我們的行為舉止，令同胞們覺得我們有些思維方式很不「中國」。

這個「中國」，我並不是指政治上的身份，而是民族文化上的分類。其實，我想來個平反的，正正就是在這種民族文化的範圍內，我們港人其實極之「中國」化。起碼，我們大多數人都共同擁有不少中國人的傳統弱點，或者不客氣地說，是「陋習」。種類繁多未能盡錄，且說迷信一項。

在這方面我們的禁忌其實還不少。譬如不能談到死亡和不能說「死」這個字，尤其是在喜慶日子或者在長輩面前。吃飯不可以吃七個餸菜，因為喪禮後的英雄宴是吃七道菜的。吃飯時不可把筷子垂直插在飯碗，因為貌似掃墓的香燭。還有許多其他種種，只要是會引起死亡聯想的，都是萬萬不能犯的驚嚇性錯誤。如上所見，這些禁忌，很奇怪地有不少是和食有關係的。

但偏偏，在近年有一樣大家都常常搞錯的東西，其聯想極不吉利，但卻無人理會。所言的，是壽桃與壽包的區別。在慶祝生日的壽宴上，甜點會有一大盤熱氣蒸騰的桃形包子，內有蓮蓉和鹹蛋黃的餡料。這包子是壽宴的高潮，作用猶如西方的生日蛋糕。它的正確名字是「壽桃」，因為是做成蟠桃形狀的。

蟠桃在中國傳統習俗裏，一向是代表長壽的。相傳西王母面見成了仙的漢武帝，送他三千年開花三千年結果的王母蟠桃，因蟠桃是延壽的仙果。漢朝年間編著的《神異經》中有記載：「東方有樹，高五十丈，名曰桃。其子徑三尺三寸，和核美食之，令人益壽。」而桃樹本身也是仙木；唐人徐堅《初學記》中引《典術》說：「桃者，五木之精也。故壓伏邪氣，制百鬼，故今人做桃符著門以壓邪。此仙木也。」

至於壽包，其實是喪禮完成後，在解穢酒席結束時派給來賓的包子，意思是喪事已辦完，以此包為各人祈壽。把「壽桃」說成「壽包」，實在是駭人聽聞的大吉利是。但今天不少酒樓從業員都會當著客人面前說錯，老人家聽到，真箇「多得你唔少」。

焦不是香

豆漿的真正味道

我媽媽是江蘇人士，外公是常熟人，來香港前在上海生活。我自幼常往外公家去玩，耳濡目染卻學不成半句上海話。反而上海的家庭菜式，就不知不覺間吃出個深刻記憶和味覺影響。毛豆百頁、紅燒肉、香椿豆腐、燻魚、湯年糕等等，都是小時候美好時光的印記。這些遙遠地呼應著江浙口味的家常便飯，在我離家獨自生活的二十幾年間，一直是喚起家的記憶、家的感覺的時光味道。

小時候早飯是必定在家裏吃的。

香港以粵菜為主流，我家的飲食和主流之間有少許文化差異。所以我的早飯，和其他同學家吃的有點不同。我記得曾經有一段時間，父母會在睡前先切好榨菜，浸泡好糯米，翌日清晨起來燒一鍋糯米飯，有時候會到樓下買新鮮油條，有時候就用家裏的豬肉鬆，在晨光中不徐不疾地做粢飯。我和弟弟，在冬天微寒的早上，就這樣幸福地吃著燙手的鮮製粢飯作為早點。也許當時年紀小，雖然覺得味道很好，但還是未懂得去珍惜和感恩。

粢飯的最佳伴侶，一定是豆漿吧。吃肉鬆油條榨菜做的鹹粢飯，通常都是配放糖的甜豆漿，或者甚麼都不放的原味淡豆漿。豆漿是中國飲食智慧的其中一道魔法，真的無法想像祖先們是如何想到把黃豆浸泡、碾磨，再過濾成有若牛奶一般香滑的瓊漿玉液，惠澤世代子孫，為他們帶來便宜美味、營養豐富的飲料。

豆漿是中國許多地方人士的早餐飲料，就有如西方人喝牛奶一樣。從前街上賣的豆漿，都是濃滑而帶有微微煮熟了的黃豆味道。不知從何時起，有些店的豆漿，不但沒有黃豆味，還充滿了一種叫人難受的怪味道。我的長輩們一喝這種不濟事的東西，馬上就會破口大罵，說燒焦了的豆漿怎能拿出來賣。所以於我而言，這種有鍋子裏的焦臭味的，就是失敗的豆漿，是邪惡而不能接受的。

黃豆絕對不是一種可以放進鍋子裏投閒置散的材料。浸泡黃豆磨成的生豆漿，是要加水邊煮邊攪拌，花上不少時間和功夫才能製成香濃的豆漿的。稍一不慎，豆漿過熱便會燒焦，那股焦味會滲進全鍋豆漿，基本上是無法補救的。但現實是，今天許多人都只喝過這些因為做法不正確而燒焦了的豆漿，反而沒有喝過做得對的貨色。那些店為了掩飾過失還向客人胡謅，說這是甚麼「古早味」，說這才是真材實料的味道，令天真善良的年輕客人以為豆漿就應該是這樣。客人被騙是一件事，這個焦味其實還不知對身體有沒有害；就算無害，也肯定把祖先傳下來的味道文化精髓一手毀掉。一碗燒焦了的豆漿，就看到我們的民族弱點，這是十分可悲的事。

鹹豆漿與同性戀

因誤解而來的恐懼

前文談了對焦味豆漿的感受。最初，我以為是我無知，人家說帶焦味是真材實料沒有用濃縮沖劑，我便確信無疑。後來愈覺不對勁，明查暗訪再求教於高人，才證實我的味覺還是可靠的。然後我又想，香港始終以粵菜文化為主流，豆漿不是我們的風土食物，所以才會有這種是非莫辨吧。怎料在網路上發現，以豆漿聞名的台灣，亦同樣有焦味豆漿橫行，還聲稱是「古早味」，令許多從小到大喝豆漿的人也被這些蠱惑的說法混淆了視聽。

當然，因我個人的不力，無法去為「焦味豆漿是煮壞了的豆漿」這個命題一錘定音。但我想提出的是，我們的飲食文化缺乏系統性，沒有經過分析整理，在今天這個非專業性資訊主導一切的畸型社會中，是很難有根有據，認祖歸宗地傳承下去的。今天商業價值獨大，我們習慣對廣告宣傳言聽計從。反而明明知道是對的、是好的東西，也因為缺乏靠人云亦云壯大聲勢的安全感，而對之起疑。亦因為食物文化的嚴肅研究沒有市場效益，根本沒有人想去做，想做也沒有足夠資源。結果，我們只有在毫無選擇的情況下，接受沒完沒了的指鹿為馬，荒謬地生活著。飲食文化如是、歷史如是、文學藝術也如是，政治更如是。

甜漿淡漿有焦味懸案；鹹豆漿卻有起花之謎。我身邊許多朋友不能接受鹹豆漿，覺得豆漿「應該」是甜的。這個「應該」可圈可點，當中隱含對不同價值觀的排斥和貶謫。貶謫也許是由於對自身的不安全感所致，情況有若高調宣稱不接受同性戀。同性戀跟異性及雙性戀一樣，是客觀的存在，根本無須任何人「接受」。鹹豆漿亦然，它雖然是由人創造出來的口味，但不會因為某某接受與否，而影響它的客觀存在。除非你是希特拉，把鹹豆漿有如同性戀一樣用武力殲滅；但當希特拉倒下，結果還不是春風吹又生。

成長中沒有遇上鹹豆漿的人，最看它不順眼的理應是它凝結起花的狀態。可能因為「豆漿呈塊狀就是壞掉」的概念，令他們覺得鹹漿貌甚噁心。其實鹹漿結塊，是因為加了醋和醬油。豆漿由黃豆做成，黃豆的蛋白質表面覆蓋著一層附有同種電荷的水膜，使蛋白質顆粒之間互相排斥，無法聚合凝結成塊。醋和醬油含電解質，在水中形成帶正電荷的陽離子與負電荷的陰離子。這些離子破壞蛋白質表面的水膜，中和電荷，減弱蛋白質顆粒間的排斥力，有利顆粒聚集，使豆漿凝結起花。

這又再說明，人對某些事的惡感和排斥反應，往往源自因誤解而來的恐懼。「不學無術，暗於大理」，用在這裏可能略為誇張，但因為不懂而去否定，卻一定是妨礙我們文明進步的絆腳石。

水乳沒交融

奶白魚湯的真相

我們華人，在吃乳類食物和乳製品的文化上，遠遠不及歐洲各大民族般出神入化。看看彼邦，牛奶羊奶質優講究，用它們做的各類食品無孔不入。譬如乳酪，本身就早已經發展成為一個難以置信地龐大的體系，與人文地理連成一體，是種專門的學問，自成一派，獨立完整。乳酪文化可以媲美葡萄酒文化，又或者是我們的茶文化，同樣地源遠流長、影響深遠。

也不是說我們中國菜就完全沒有乳製品。除了不少少數民族的食品中，會有大量牛奶或羊奶作為食材之外，諸如雲南菜和我們的廣東菜，當中其實亦有一些例子。順德菜的炒鮮奶和大良金榜牛乳，又或者雲南菜的乳餅和乳扇等，就是中國菜中非常有風格和風味的乳類產品。

但當然，奶汁無論如何都不是我們傳統日常飲食中的重要主題。亦可能因為這樣，我們對乳類的一般常識也沒有特別豐富。吃得少，感覺和感情便都薄弱，這是自然而然的。但對身邊的事物不求甚解，得過且過，當中卻還有我們民族特性的原因在內，不能全怪看得不夠多、遇得不夠頻密。

譬如說，看見魚湯呈奶白的顏色，就認為是因為湯中放了牛奶，這至少在我居住的香港，是並不罕見的概念。近代香港的小朋友衣來張手飯來張口，父母把身教責任都向外傭推得一乾二淨，令他們連蘋果是甚麼樣子都不知道，因為吃的蘋果從來都是外傭姐姐去皮棄核並切丁的成品。當大眾在把這個現象小題大做之時，以為白色魚湯是放了牛奶這種無知，看在上一代事事親力親為，人人都要自己燒飯做菜的前輩們眼中，跟今天小孩吃蘋果不知其原貌這事，其實同樣不可思議，同樣教人感到唏噓不已。

奶白色的魚湯其實沒有甚麼秘密，更不需要牛奶或者豆腐、豆漿這些「白材料」來輔助。我自小家裏教的方法，只有兩點要注意，便可做出奶白色的魚湯來。一是魚要先放鍋裏，加油兩面煎熟；然後把水注入鍋中，通常用沸水，大火燒開十來二十分鐘，奶白的魚湯便大功告成。

至於湯色為何雪白而不透明，必定有其科學上的解釋和根據。這個家裏就沒有傳授了。在網絡上查看，有許多似是而非的答案；沒有經過考證的說法，是魚肉中含的磷脂同時有親水和親油的特性，在煮製過程中，幫助了水中的脂肪微滴和水融合乳化，而成為看起來不透明的白色湯汁。姑勿論這個說法正確與否，起碼提供了一個正規地探索事物的開端，總較看見有若牛乳的模樣，便瞎猜是放了牛乳來得文明和有說服力。

失蹤的筍尖

被嫌棄的傳統蝦餃

我常期待著，有一天這個世界再沒有主流文化，或者「主流文化」這個現象終究好像歷史上許多大趨勢一樣，敵不過時間洪流，自然消逝。那時，我們應該無須再苦苦乞求外國主流的認同，才能確定自己作為非主流的價值。我們仰望李小龍，再不是因為他打倒老外，連老外也迷戀他敬重他；我們為「龍景軒」感到自豪，再不是因為米芝蓮頒發三星，恩准她與巴黎里昂的頂尖餐廳分庭抗禮。同樣，那時候如果我們仍然愛西方文化，也只是愛她本質上的美善，而非因為對

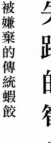

「superior culture」的膜拜能令自己高人一等。

不過，在這理想的一天來臨前，我們無論怎樣安於現況，亦難免在價值觀上，為了獲得主流文化的認授而卑躬屈膝。以這種思維去看今天的世界飲食潮流，在眼紅大量日文名字登堂入室，被各地廚師當「潮語」一樣經常掛在嘴邊之時（如 umami（旨味＝鮮味）、nori（紫菜）、daikon（大根），甚至連中國發明的 tofu（豆腐）、shoyu（醬油）等，都以日文發音為標準英語寫法），反過來我們作為歷史上公認的先進飲食民族，對當前主流世界的烹飪用語，有甚麼具影響力的貢獻？答案是可能除了「tea / thé」（茶）這個字以外，幾乎是「完全沒有」。

退而求其次，我們還是可憐地有些零星碎片，打中了西方的味感刺激區，而獲得一字浮名的，「dim sum」就是其中之一。起碼，跟外國人談點心，通常直接說 dim sum 就可以了，無須迂迴曲折地講甚麼 Chinese tapas 或者 assorted hot hors d'oeuvre with tea 之類。迷戀廣東飲茶文化的外國人，可能還懂順利地說出「yam cha」、「har gau」、「siu mai」、「cheung fun」等等這些「專有名詞」。

眾多廣東點心中，我覺得最具代表性的應該是 har gau（蝦餃）。除了內外皆美，而且在中國各地菜系中別樹一格，蝦餃的製作實在亦包含粵式點心許多重點技術和精神。在今天豐衣足食的社會，大家開始注意傳統食品的「本貌」；許多人討論蝦餃的外皮收邊應該要有多少褶才是正統，反而少人關注最影響蝦餃傳統食味的餡料部分。不知從何時起，蝦餃變成只用全蝦，餡料沒有汁液，儼如吃一兩隻去殼去頭，被澄麵皮裹著蒸的小蝦那樣，風味全失。小時候飲茶，吃的是「筍尖鮮蝦餃」——蝦肉切小粒混入適量豬肥膘，還滲著調味過程中產生的少許汁液。畫龍點睛的，就是那若即若離的筍尖，含蓄地帶來幽香之餘，更令蝦餃的吃法爽脆且有層次，亦平衡餡料中動物油脂的膩感。這種做法，工序上不但較繁複；最重要的是做了出來，現代的味蕾亦未能欣賞，反而可能怪罪廚師偷工減料，吃不出所謂「鮮蝦」來。香港人自命「腌尖」，卻如此離棄筍尖。看來這種任性反智的腌尖，不但沒有令大家進步，反而令大家步步遠離腳踏實地的傳統，變成文化的蜉蝣。

Yum cha 陽錯

上「茶」樓的原本目的

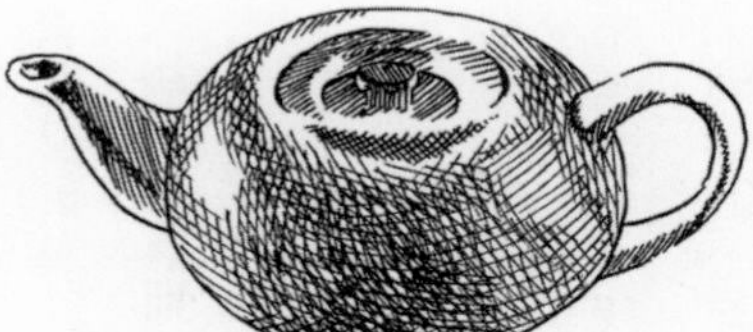

我不知道可不可以說，去「飲茶」是香港人的一種傳統。但香港人普遍都喜愛「飲茶」的這說法，應該可以從每個週末或者假期，城中大大小小的酒樓總是迫滿客人，或者從酒樓門外排隊等候的人龍中，得到一點有力的證據支持。大家可能有一個印象，覺得「飲茶」是長輩們才喜歡的假日最佳節目。其實，真相許多時是醉翁之意不在酒，老人家也不一定是饞吃那幾籠蝦餃燒賣叉燒包，而去擁擠煩囂而且大多收費不菲的酒樓去湊熱鬧。他們最希望的，可能只不過是藉「飲茶」

為名，有機會見一下自己的兒女和子孫，或者和同輩的親戚朋友一聚。這一點，亦不是每個參與家族「飲茶」聚會的後輩，都懂得去心領神會的。所以，如果和爺爺奶奶上茶樓，卻從頭到尾埋首電話屏幕，正眼也沒看過一下同桌親朋的話，真是倒不如不要出現罷了，免得讓家人為你而感到難受。

年輕的，也不是沒有人喜歡「飲茶」。除了上述家庭式週末聚會，在各類茶樓食肆，亦不時會見到一桌又一桌的年輕人。有的是同學或同事一起聯絡感情；有的各自已有家室，帶著小朋友一起來延續上一代人的情誼。大家選擇「飲茶」，相信有比較深厚的文化傳統和生活習慣上的遠因，亦同時有實在的考慮。譬如說，吃點心在時間限制上比較靈活，一人一口吃一件，分量悉隨尊便，也不怕好像一大盤菜那樣放涼了教人倒胃。而且在座的時間也有彈性，只要你找到位子，便可以相對上無拘無束地邊吃邊談，朋友中有需要遲到早退的，也不會影響大家的飲食節奏。歸納以上，可以說「飲茶」是個超級棒的社交聚會形式，是廣東人的一項偉大發明。

但廣東人發明這個超級棒的飲食模式時，把它叫做「飲茶」而非「吃點心」，箇中原因卻似乎已經被我們完全忽略了。連看英語翻譯，大多數都會叫這種飲食模式為「dim sum」。雖然「yam cha」一詞也同樣為人認識，但相信沒有「dim sum」來得普遍。老外當然不會懂得我們的飲食文化，對於他們來說，去「飲茶」的主角肯定是那些琳琅滿目的點心食品。有許多老外來香港，去「飲茶」時都是喝啤酒汽水來配點心吃的。這充分反映他們對「飲茶」這事，只視作一種純粹「進食」的行為。他們有這種誤會是情有可原的；但連我們自己也沒有搞清楚「飲茶」的重點是啥，這便有點說不過去了。因為只要細心一想，便能發現「飲茶」一詞完全是跟茶這種飲料有關的。因此這個活動的重點應該是茶，應該主要是有關「喝」而非「吃」。

廣東的「飲茶」文化是具有代表性的一種地區飲食習慣和傳統，亦廣為世人所接受和愛戴。當中除了廣東人，其他省份籍貫的華人，乃至不同國家地區的外國人，都認識和喜愛這種飲食模式。在不少外國朋友的心目中，「飲茶」更可以說是中國菜的其中一種明星級代表，和北京烤鴨及小籠包等等地位相同。

但無論在中國人的地方還是外國人的國度，今天的「飲茶」活動，都偏重於點心而把茶看輕了。從以下兩點，我們便可以察覺到這個現象。其一就是食客們本身的價值取向。今天的「茶客」，普遍都願意為貴重精美的點心付出較高昂的價格，但說到茶，大家都只會覺得它是附屬品，沒有人打算為一啖好茶而多掏腰包。其二是現今的酒樓食肆，也大多著重於點心這方面，經常研發新產品來吸引顧客，卻甚少在茶的課題上下功夫搞宣傳。

我家的長輩們從前去「飲茶」，選擇茶樓時都是以茶為先。譬如我父親，他會先看哪家店的茶比較符合他的期望，才決定以後是否還要繼續光顧。香港比較有歷史的茶樓已經所餘無幾，能親身觀摩、學習這套傳統模式的地方少之又少。中環的「陸羽茶室」和「蓮香樓」，已經是鬧市中碩果僅存的其中兩處。去這兩個老地方「飲茶」，茶的地位明顯比現今的酒樓來得重。不但有提著沸水壺的熟練侍應奔波於桌椅之間，頻頻照顧客人的茶水需要，客人還可以選擇以「焗盅」來喝茶。

廣東人稱為「焗盅」的，即是書面語的「蓋杯」。以蓋杯泡茶，每人面前各有一隻杯，茶種是每位客人各自的選擇，隨個人口味喜好而異，沖泡的濃淡度也由各人自己掌控。茶在蓋杯中泡夠了，茶客熟練地以單手拿起蓋杯，拇指和中指揑著邊緣把杯子提起，食指屈曲，緊緊扣住杯蓋，杯蓋和杯口之間留一道縫，這樣一傾側，熱茶便順暢地流出，注入各自的茶杯中，茶葉也安穩地擱在蓋杯內。用這個方法「飲茶」，不會好像用大隻的茶壺那樣，茶湯長期浸泡著茶葉，影響了茶的質素。

茶的種類方面，也不會好像今天的獨沽幾味。除了大路的普洱、壽眉、鐵觀音，愛喝陳茶的還可選擇舊六安，白茶亦有白牡丹。因為用蓋杯的原因，熱開水和茶葉的比例，更接近真正品茶的規格，不會好像用大茶壺那樣，茶葉少茶湯弱。當所有事情都有根有據時，一杯把大自然不同韻味收納杯中的中國茶，是一次「飲茶」體驗的開場曲，也是體驗的菁華所在。

中國之大，本來單看不同方言的萬紫千紅，自可窺見一斑。可惜現代社會一切人為的環境氣氛，都在直接或間接地把地方文化特色扼殺。我們以顧全大局為名，不知犧牲了多少地方人士的一脈相承，要他們連根也拔起。所以，要看我們中華文化之大，往後就只能靠人數、靠 GDP 和靠道聽途說。這些光亮數字背後的悲壯，也實在「不足為外人道」。

幸好，我們的飲食文化，在急速崩壞之時，還多少保留了一點原本的多元性和廣博性。縱是褪色圖畫，但舊日的懾人華美，還可依稀感覺得到。如果法國、意大利以葡萄酒作為飲食文化地域分佈上的色譜，那麼中國飲食文化的佈局，尤以華東、華南地方而言，就可能是「以茶代酒」的一個狀況了。

中國無疑是個喝茶的民族，不同地區的茶葉種類和沖泡飲用習慣各有特色。廣府人近代把點心倚在早晨的一口熱茶旁，發展出舉世聞名的「飲茶」文化。這本是令一口茶喝得更有味道更有趣的設計，但近年好像愈見本末倒置。「飲茶」的過程中，茶的飲法愈來愈不細究，只顧著吃點心，茶變成了用來濕潤口舌的輔助飲料。

這裏當然不是在貶謫點心。它在今天的中國飲食文化中，有著異常重要的形象大使身份。如果在飲料上也要選一個中華代表，那就一定非茶莫屬。小時候去「飲茶」，常聽到長輩們掛在嘴邊的一句「水滾茶靚」（或作「水滾茶靚」，字義上更正確）。中國人下廚沏茶，沒有西方那樣倚重儀器的運用。我們講油溫水溫，不以讀數溝通，卻憑觀察、靠經驗來判斷。所謂「水滾」，即水燒開、沸騰，用西方的度量衡表達，即是達攝氏一百度的開水。但這樣的大沸水，其實並非沏茶的理想水溫。或者說，不同的茶，它的理想沖泡水溫各異。茶專家自有對每個品種的嚴謹要求；我們一般平民百姓，通常沒那種知識。但一些基本原則，如綠茶、青茶類型如龍井，適合水溫不太高和沖泡時間短促的方式。相對地成熟的黑茶如普洱，它可以承受的水溫便高一點，差不多到達沸水的熱度，沖泡時間也相對可以長一點……。

其實，以上只是生活常識而已。每當我看到咖啡文化、抹茶文化在世界各地抬頭，都會惋惜我們的中國茶文化面目模糊，潰不成軍。凡事皆有其原因；茶是我們的文化資產，但認真看待的人少之又少。主流思維連簡單如甚麼是青茶、甚麼是白茶都不懂，還覺得這些細節多餘造作。咖啡和抹茶代表一種令人嚮往的 lifestyle；中國茶本來也可以是很酷的 lifestyle，但事在人為也在人不為。我想陸羽在天之靈，瞥見今天一般中國百姓如何對待茶之時，所謂「子孫不肖、後繼無人」，很可能就是他心裏的最大遺憾。

喫包的流言

神秘的餡料

「人言可畏」。這個「畏」，是怕的意思。怕也有許多不同的原因和類別。例如「怕黑」、「怕鬼」，就明顯是恐懼加驚嚇的那種怕；「怕麻煩」就很不同了——是嫌棄、是不想要的意思。「畏」有時也可以指「敬畏」；面對比自己偉大的人或者事，頭也不敢抬起來的一種怕，是尊敬的表現多於是懦弱的行徑。

「人言可畏」的本義，當然是指蜚短流長可怕的破壞性，而不是有關偉人演說的懾人風采。但有時候，輩短流長若出自你敬畏的人，那種錯摸、那種落差，對入世未深的朋友來說，可以是相當困擾的事。如果屬於是非長短的那種「閒言」，你還可以比較容易分辨，容易知道甚麼時候「左耳入右耳出」，來保持長輩在你心目中的崇正形象。一旦話題是一些人云亦云，似是而非且無從稽考的「常識」，而你又頃刻間沒有求證的警覺意識的話，這些傳聞便很可能悄悄地打進你的腦海深處，令你不知不覺信以為真，成為了你資料庫內一個不明不白的檔案。

我絕對沒有想要對長輩不敬的意圖，只是希望純粹道出身教的重要性。小時候許多朋友都可能被大人哄騙過，說甚麼那些無骨鳳爪，是酒樓僱用了一群老婆婆，在廚房後面齷齪的窄巷中，偷偷地用她們已經沒了牙的嘴巴，一隻又一隻地把雞爪的骨頭全給吮出來。這個恐怖的「傳說」，除了令無數大人小孩對無骨鳳爪帶有無謂的心理陰影，還間接灌輸了對女性和年長人士的負面形象。說的人可能覺得，這只是個鬧著玩的、無傷大雅的笑話，而沒有意識到它背後的壞影響。有這種事情發生，和文化及教育的水平實在不無關係。

我小時候還聽過其他不少這類傳說。譬如年幼時跟爺爺奶奶去茶樓「飲茶」，點叉燒包、雞包仔之類的點心，他們都會把這些包子好像剝洋蔥一樣的，把表皮小心撕掉，才把包送進自己或者我們小孩子的嘴裏去。好奇心驅使我去問個究竟，大人便會說，因為做點心的師傅，在把這些包放到蒸爐之前，會在口裏含著一口水噴在包子上，令上蒸籠時包的質地會變得格外鬆軟，即是所謂的「發」得更好。

噴不噴水相信是各師各法，也不能排除真的有人親眼目睹過這種事情發生。但從常理看來，用一個噴水器，在現代廚房是一件全無難度的事；而且亦不見科學上有依據，說明混合了口水的水，會有助麵團發酵得更好。其實，不吃叉燒包的外皮，我自己的觀察是因為外皮有時候會變得乾硬，刁鑽的食客嫌它粗糙，所以要去皮才吃而已。至於用口來噴水，不知是否看得太多殭屍電影，見茅山術士噴出霧氣火焰來伏妖降魔，才有這種視覺上的聯想呢？

早陣子，跟來自日本的好友和一些香港朋友到澳門一遊。此行只留了一個晚上，我和日本朋友都是早起一族，決定早上七時許到紅街市附近逛一下，順道到在香港早已被遺忘、被淘汰，完全地消失了的傳統茶樓去飲一個真正的「早茶」。傳統茶樓的魅力，對於許多今天習慣了事事「精品高尚」的消費者而言，恐怕完全只在於它的舊時代感，只在於可以拍一張背景懷舊的自拍照，擺出把手中一杯茶瞎當是香檳那樣高舉的勝利旅人姿態。茶樓裏的點心，多數人其實都會覺得粗糙難吃。

難吃與否，在消費者的層面角度，實在是一件太過關乎個人主觀見解的事，完全沒有可以理性討論的餘地，也無這個需要。因為太多人已經被現代消費主義荼毒得只懂帶著某種所謂「正常」和「趨時」的期望，完全不去理會每家食店都是獨立個體，都應該有自己的獨特精神面貌、個性氣質這事實。許多人上館子，懶理你做的是甚麼地方、甚麼時款的菜，只當人家是他的私人家廚一樣，奉旨要煮出迎合他個人口味的菜餚才滿意。就是這種扭曲的惡霸消費心理，才令有走進川菜、湘菜餐廳卻要求完全不要吃辣，或者走進傳統法式甜品店裏卻要求少甜這種無知無禮的荒唐事。

那天在澳門「飲早茶」，拿了一籠叉燒包。包的樣子粗獷懷舊，風味和茶樓的感觀完全配合。那一隻已經微微放涼了和放乾了的叉燒包，除了教我憶起兒時老人家講的，廚師口含清水噴在包上才拿去蒸，因此一定要剝掉外皮才可以吃的傳說之外，看到包裏的餡料，再令我聯想到另一個傳說——叉燒包裏面的肉餡，其實不是真叉燒，只是豬肉混入了味道近似叉燒的醬汁而成。

為了這個從小就埋在心裏，卻一直無法解開的疑團，我曾經在萬能的互聯網上，苦苦尋找叉燒包的做法，希望從中可以找到一些有關這個傳說真偽與否的端倪。結果當然是沒有最混亂，只有更混亂；為了要讀懂奇詭的語言文字，和釐清因為左抄右抄而出現的荒唐錯漏，就幾乎用盡了所有精力。結果只領悟到互聯網絡不是不萬能，只不過這句話，只有在外國的語言範圍裏，才大致有效和真確。在中文的互聯網絡世界，雖不至於萬萬不能，也暫時只是軟弱無能地假裝著超能。不過，對於一個普遍地不自由，人人都要偷偷到竹籬笆外窺探世界的網絡國度，的確不能要求太多。

最後，幸好有一次趁機找著了一位高人，不顧一切以下犯上問個究竟，終於破解了我多年來的疑惑。尖東海景嘉福酒店的粵菜廳「海景軒」，是梁輝雄師傅最扎實的表演舞台。我是個不善於交友的笨蛋加悶蛋；在食這個廣大範疇內，我只是個門外漢，不能跟自然而然地與眾多大師傅結緣的內行人比擬。在我有幸邂逅，而又不介意跟我這個不專業的兼職飲食寫作員胡扯的大廚中，梁師傅是其中之一位。每當我遇上有關粵菜的問題，遍尋不獲答案之時，我都會大膽向梁師傅請教。為人和藹可親的梁師傅，無論我的問題有多幼稚，他都會和許多德高望重、廣受愛戴的前輩一樣，有求必應地為我解決疑難。

那天又到「海景軒」吃飯，飯後跟師傅閒談之間，我把自小聽聞有關叉燒包的一些傳說，拿出來請教梁師傅。其中最想知道的，就是包的餡料，是用了普通豬肉混合有叉燒味道的醬汁，還是確實用上我們平常吃的叉燒來做成的。因為直到今天，我在不同媒介依然看到一些用瘦豬肉加醬料作餡的叉燒包食譜。梁師傅一聽我的提問，毫不猶豫地馬上就說，叉燒包裹絕對有真正的叉燒。經師傅一說，我多年來的疑團解開了，還因此額外學到不少有關這種經典廣東點心的知識。

從前有許多茶樓，會把叉燒包的全名叫成「蠔皇叉燒包」。小時候看到這個名字，沒有留意前面「蠔皇」二字的由來。其實一直都知道叉燒包的調味中有用到蠔油；經梁師傅詳細解釋，知道點心廚師把叉燒切碎後，要配一種每樣材料都要認真秤好重量、比例精準的混合醬汁，做成包子的內餡。這個醬汁，不同師傅有不同的秘方，但都少不了蠔油、醬油、糖，而蠔油是鮮味的主要來源，所以叫「蠔皇」其實是暗示包子食味的由來，和許多古典粵菜菜式的名字，在概念和習慣上同出一轍。

談回餡料中的叉燒，從前社會沒有那麼富裕，節儉的廚房是會把前一天賣不完的叉燒，拿來加工做成叉燒包的。其實這既不浪費又具創意的手段，委實是一種美德。今天的酒樓餐廳，做事的標準跟從前已經不一樣，用賣剩的叉燒來做餡是再不會發生的事。反而有些地方，可能因為對肉餡質地的要求和成本上的計算，會用非傳統的豬肉部分（傳統叉燒是用里脊肉）來燒成一批額外的叉燒，專門作為叉燒包的材料。叉燒包的皮在發酵過程中，加入了許多味道濃烈的輔助品，如溴粉、鹼水及泡打粉，所以剛蒸好的包會有些微刺鼻。要把它們放一段時間，待氣味揮發掉，才會成為那人見人愛的香軟叉燒包。所以行內人有所謂「叉燒包要吃舊的」這個說法。

從來一翅都沒有

魚翅的文化符號

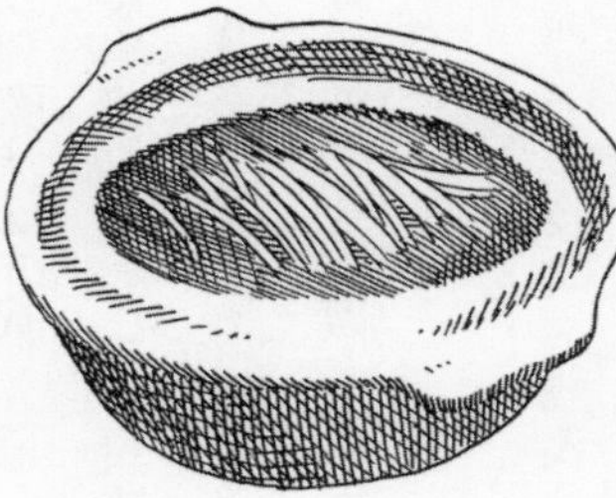

我一直都想大膽寫一下魚翅這個課題，但一直都沒有膽量。不是怕寫出會得罪人的文字，也不是怕去表態支持或者反對任何既有的立場和主張。沒有膽量的原因，其實是怕自己文字功力不夠，思想含混不清，結果只有墮入這個話題的漩渦之中，愈講愈迷糊，愈遠離事實，愈幫不上忙……

這樣吧，不如就由香煙開始談起。

從前，抽煙是一種生活方式。在還未曾出現有關吸煙危害健康的說法之前，它曾經是一種很酷的行為，甚至是一種時裝配套。那時候紳士們拍照，手上拿著香煙，或把一支點燃著的煙叼在嘴邊，實在一點也不罕見。當時沒有人會敵視煙民，因為那是許多人日常生活的正常舉動。今天，情況當然大大不同；除了抽煙的人已經變成社會上的少數，吸煙亦被普羅大眾視為會嚴重影響別人的「不良嗜好」。於是，依然選擇吸煙的，便開始要接受愈來愈多的掣肘，甚至承受無形的輿論壓力。不管吸煙者本身認知與否，他們其實已經被標籤成壞榜樣。他們在大眾心目中的不受歡迎程度，幾乎到達神憎鬼厭的地步。

吸煙這回事，除了以上談及的這些表象，其實還涉及其他不同層面的範疇。例如煙草的種植文化，香煙包裝和廣告設計美學及當中隱含對社會時代的反映，精品煙具如煙斗、煙灰盅、煙嘴、煙盒、打火機等等的製作工藝，人類的吸煙史，製煙的技術，特別是如雪茄這類的人手製作技巧等等。這些都是人類文化的一部分，值得認真地研究、整理和收藏。再者，香煙與健康的問題，其實跟許多現代社會問題一樣，都是由極度商品化和消費主義的橫行所引發的。大量生產的「消費品」式方便香煙，當中其實加入了眾多化學物質如助燃劑，加上從前大量針對消費者心理的廣告宣傳，都是令香煙變得愈普及愈惡毒的重要因素。

讀到這裏，相信你會問：「這些跟魚翅有甚麼關係？」魚翅和香煙當然是風馬牛不相及。近年出現對吃魚翅的反對立場，是基於吃魚翅文化對生態環境的破壞，和採集魚翅時所用的捕獵手法殘酷不仁這兩大原因。這些都跟魚翅的需求量過大有關，所以主張拒絕吃魚翅，是杜絕一切惡果的正常手段。魚翅和香煙一樣，都是因為人類的貪婪無知而出問題，變成一種生活文化上的新禁忌。吸煙的人和吃魚翅的人，都好像是惡貫滿盈的大壞蛋一樣，小則活該受盡大眾鄙視的眼光，重則大可任人以義正嚴辭來教訓批鬥，甚或天誅地滅。但其實，做成這局面，令如此醜惡之事氾濫人間的真正元兇，到底是誰？

吃魚翅這件事，在中國人的社會已經有相當長的歷史。在眾多地方菜系中，都有不同形式的品翅菜式，而且大多數屬於所謂大菜的類別，給人一個絕非等閒之菜的印象。我這裏所談的，只能夠憑著一個平民百姓的觀點與角度，因為沒有認真的研究理據支持，有的僅是多年來所見所聞的粗淺歸納。若從這裏談起的話，其實一直以來在大眾的心目中，魚翅肯定是一種富貴浮雲的象徵。只要有魚翅，一桌筵席馬上升格幾倍，請客的有面子，吃的也有身份。

中國人最愛那虛偽又虛幻的「面子」；而往往在最後，作繭自縛也是為了這個捕風捉影的面子。面子攸關，那是一切自我存在價值的依據，是由跟其他人比較而來的自信，也是用來壓抑無力感、自卑感，令自我膨脹繼而感覺良好的不二法門。說穿了，面子都只不過是內心軟弱無能、小事化大的假命題。其實吃魚翅的，大部分都不知亦不懂其味，只是為了顧全別人和自己的面子。總之是名貴珍稀的東西，不明就裏只管吃出啖啖虛榮的滋味，也不敢對味道說三道四，因為連皇帝都吃的，去唯唯諾諾、讚口不絕，肯定錯不到哪裏。就是這種深層次的奴才心態，不知枉殺了幾多無辜的鯊魚，白費了幾多廚師的心機與工藝。

魚翅由捕獵到成品、由乾貨變珍饈，當中的辛勞和學問是它價錢高昂的原因之一。我們吃的翅針，本身幾乎無味，成菜的過程中要依賴許多用作提味的配料，經過繁複的烹調技巧和程序，才能變出那一盤歡宴上的明星。如此這般大費周章，原本為的應該是一個真正舉足輕重的人物，或者是一樁非比尋常的美事。這種偶然而來的大喜大慶，是要有一些平日難得一見、難得一吃的佳餚，來襯托出那真正的難能可貴。而不是好像我們今天過度豐盛的浪費生活那樣，動輒大魚大肉大排筵席，山珍海錯、鮑參翅肚全都橫飛墮落，了結在齷齪不堪的邋遢食桌上。吃的人不珍惜罕有食物之餘，更不珍惜自己、不珍惜地球，同時亦對自己的文化歷史一竅不通。這種不知所謂的暴發豪奢，不禁令人聯想到不自知的奴才，吃了主子碟邊的一口魚翅便覺得與眾不同、高人一等。

如果一個人的身份地位和人格，也只不過值得一鍋貴極有限的魚翅的話，那才真是個悲哀的大笑話。不去拔除這種劣根性，改變這種愚弱的民族性，是很難根治我們今天在極端消費主義亂局中的集體浪費病的。魚翅的問題只是個引子；最終有實力去毀滅地球、毀滅我們自己的，其實是我們自己可怕的人性陰暗面。

我們華人百姓家，對「吃了富貴菜便是富貴人」這信念，一直都堅定不移地虔誠追隨。這也導致今天許多平民食肆想盡辦法，不惜購入從不正當途徑而來的廉價鮑參翅肚，也要滿足客人充榮華、裝富貴的卑微慾望。在這去人性化的消費戰場上，你怪不得酒家亦怪不得民眾，因為金錢數字的滾動比生命還重要。單獨滿足個人生理及心理上的真實需要，是不能令一些人富起來的。對金錢、物質、權力，還有對「面子」的無止境追逐，變成了理所當然的現代社會標準，變成了所有人的生存目標。

是這種扭曲了的不清醒，令有頭有面的人物，說出「年輕人賺不到錢買不到房子就是失敗」的奇論；也是這種不清醒，推動一些捕鯊者拋棄作為漁人應守的道德，搗破千百年來人類和海洋唇齒相依的互信，肆意兇殘、貪得無厭地掠奪珍貴的海洋資源。在獵殺過程中，對生命亦毫無尊重可言，眼睛和雙手都被利慾蒙蔽。

不吃魚翅其實絕不只是生態保育和動物權益的問題，而是經濟畸形增長引起的社會問題，更加是中國人醜陋的劣根性問題。是這劣根性，令海洋霸王被推向滅絕的邊緣，令傳統處理和烹煮魚翅的技術、知識及文化一併蒙羞，甚至可能最後失落於人間，就如無數其他人為和天然的美好事物逐一消失，皆由人類的空虛恐懼和自私貪婪所致。悲觀一點來看，我們從懂得何謂利益權力開始，便早已走在通向滅亡的跑道上，往悲劇的終點無恥地追逐奔馳、勇往直前。

但雖說悲觀，也不可以偏概全，只求一己想法說得響亮。中國人有劣根性，亦有可取性。我們其實真是超卓的實用主義者，一件事情做不到，總有阿Q精神自欺欺人，最後自圓其說，和氣收場。從前，人們吃不起罕有且昂貴的魚翅，所以機靈地想出些不亦樂乎的替代品。今天，有錢也不吃魚翅是新思維，當中也可借鑑古老的平民智慧，繼續享受魚翅的文化趣味。

香港的街頭小吃「碗仔翅」，便是平民百姓苦中作樂的最高境界。碗仔翅哪有魚翅？但其實真的翅針也沒有味道全靠湯汁配料，所以這個「潔本」反而具諷刺意味。「炒桂花翅」是有真魚翅做的版本，但家常版用上粉絲，炒功了得的主婦們能使平凡變得不平凡，那種大眾化的平實美味，老實說是魚翅所不能提供得到的。至於吃全素者，上天也很公平地創造了「魚翅瓜」，連想想怎樣去做偽翅的功夫都省掉。那「魚翅餃」呢？放心，餃的裏裏外外其實一翅都沒有，只是餃的外形，上面褶口像威武地豎起的魚背鰭，因而得名。關心海洋生態的你，盡可放心食用。

不知所醋

舌頭的味覺記憶

人類烹調的智慧，在於把不同的食材，用不同的方法和手段，加上長久以來的味道配對實驗，去達到一個煥然一新的效果。這個效果，如果經歷了時間的洗禮，為絕大多數人所認受的話，便自然會成為一道可以流傳下去的菜式。有些食物，或許還會因為一道菜的受歡迎程度，而在某飲食文化體系中成為普及材料。譬如可可，在歐洲人征服美洲時引入家鄉，給人發現加糖加牛奶之後，會變成一種人吃人愛的甜食。這個吃法，跟可可在發源地配合辣椒香料的傳統味道，可謂南轅北轍。但甜吃巧克力，卻隨著歐洲人往後的經濟戰略，令可可成為了今天無人不曉、無遠弗屆的熱門食材。

烹飪的另一神奇之處，是靈巧運用調味，帶出食材中不為人知的面貌和層次，甚至用調味來界定食材的味道，成為大眾味道記憶裏牢牢抓住的感覺印象。這個印象之具影響力，有時是可以單憑調料的味道性格，便能呼喚出對食材的直接聯想。舉例來說，吃大閘蟹的時候，大部分人都會蘸些蟹醋。蟹醋其實是由鎮江醋加上紅糖、生薑、醬油調合而成的。而烹調素蟹粉的菜式時，要令吃的人有在吃大閘蟹的感覺，除了用紅甘筍之類來模仿蟹黃的顏色和質地之外，加入一些糖薑醬醋的混合調味，令人吃的時候，舌尖感應到蟹醋的味道，腦袋馬上就會聯想到大閘蟹。所以吃做得成功的素蟹粉，覺得好像在吃真蟹的原因，不是有甚麼素菜食材把蟹味模仿得維肖維妙，只是那一點醋在玩弄你的感官認知而已。

另一假作真時真亦假的例子，是我們的馳名小吃「碗仔翅」。今天，碗仔翅可說是忽然時尚。在這因物質過剩而帶來惡果的時代，人們已經有以不吃魚翅來表態支持保育生態、杜絕濫捕濫殺的思維。存在已久的碗仔翅，又確實是沒有魚翅的魚翅，完全符合現今國際潮流趨勢。只不過，這著名小吃出現的原委，當然跟愛護動物無關，而是貧苦大眾苦中作樂的生活智慧。要知魚翅本身無味，要令它變成上菜，是需要很多其他配料湯頭，以及烹飪技巧和調味功夫來達成的。所以魚翅成了湯羹，它的味道印象其實是由其他食材湊合而成的。

和素蟹粉一樣，碗仔翅畫龍點睛的一筆，是臨吃前澆上的幾滴大紅浙醋。從前的人吃魚翅，放一丁點兒浙醋是因為有助辟除石灰的鹼味。向來在製作和保存乾魚翅的過程中有用到石灰，所以成菜後多少還有些異味留在湯羹中，放浙醋是為了辟味而非調味。後來，魚翅漸漸地隨社會富裕而普及，不知就裏的「新發彩」趕著學人吃魚翅，以為那盤浙醋是專屬的調味料，有沒有鹼味都照放無誤。放了大坨浙醋的魚翅，根本就變成了本末倒置的醋羹，失了魚翅的神髓，跟假翅沒有兩樣。我們現在吃大紅浙醋碗仔翅，其實也可看成對眾人不求甚解、亂吃一通的諷刺。

交叉感染

XO醬名稱之謎

我常常把自己裝成一個事事愛尋根究底的人，但最初我其實是頗不自覺的。直到開始了寫作副業，才知道原來這沒刻意經營的偽裝，對自己在筆耕的過程中實在有不少裨益。首先，找題材和擬腹稿的時候，會更加有所依歸，也容易令不同時間寫成的材料，在整體上有多點連貫性。另外，明確的文字性格，亦有助找我寫字的人對我寫的東西有清晰的概念，因而在起用我之時，好歹有多一點把握。

那為甚麼我說是偽裝呢？其實這並

無任何貶抑的含意。只是人生在世，經歷愈多才愈發現，一直以來我對自己的了解原來竟如此不足。自己根本不知道苦苦營造的外表是個啥模樣，更不清楚這外表形象和本我真我之間究竟有啥關係。當然，「本我真我」便更加不敢觸碰。就算去碰，相信也無法參透這個恐怖的深淵。所以我的尋根究底，其實很可能只是幌子一面，用來掩飾因軟弱懶惰所致的不學無術。

信不信由你，我有這樣的啟示，全都是來自一瓶XO醬。這個用上上等江瑤柱、火腿、蝦乾及蒜子辣椒等材料製成的鹹鮮辣醬，近年經已成為香港無人不知的一種精品佐料。各家各派都有自己的獨門秘方，有葷有素百花齊放。這種神奇的佐料甚至勇猛地衝出香港，成功進攻內地和台灣之餘，還開始踏足國際飲食舞台的邊沿，為港增光。

XO醬吃了許多年，但跟許多只求官能刺激的消費者一樣，我一向只知道它的名氣，只關心它在食味上的好處，卻從來沒有理會它的出處。就算只是作為一個誠懇地愛吃的食客，其實都應該有意識去尋問各種不同食品的來由和故事。此舉能增添吃飯的趣味性之餘，更可理解不同菜式的味道原形，令自己不會因為不懂，所以自以為是地對人家的飲食文化習慣和傳統味道說三道四。而作為一個寫飲食文章的人，我竟然沒有這種尋問的意識，根本就是不能饒恕的。

有次與良朋聚會，在普及的港式粵菜食桌上，例行放上滿滿的一碟 XO 醬。大家在等候齊人的空檔，都習慣夾些 XO 醬來當小吃。因為我兼職飲食寫作員的身份，冷不防席間被問到 XO 醬的來由。對這個範圍一無所知的我，當刻頓時啞口陪笑。回家趕緊端坐電腦熒幕面前，臨急抱佛腳向萬能的互聯網大神求教。畢竟，世間上豈有如此不勞而獲的捷徑呢？互聯網大神並非狠心拒絕顯靈，而是顯的靈委實太多，一時間滿天神佛的，把我這個懷著大問號的心急人，搞得愈問愈發不清不楚，愈問愈糊塗。

在尋找 XO 醬短暫而威武的歷史源流這過程中，除了在互聯網做功課，也嘗試四處向有識之士打聽。我雖不才，猶幸身邊總不乏貴人猛人；其中最美妙最感恩的，就是家父。老爸跟許多上代人一樣，書唸得很少，全憑自強不息的精神，從艱難中自學成材。他愛讀各類書報，讀的質和量都教我這爬格子騙飯錢的兒子慚愧。就連XO醬這話題，他也順手拈來一則資訊。原來他早讀過著名專欄作家王亭之先生有關XO醬的文字。王先生提到，他在香港半島酒店集團作飲食顧問時，為當時新開業的「嘉麟樓」引入他家廚製作的幾道首本，以打響名號留住顧客。「XO辣椒醬」便是其一。

在谷歌輸入「XO醬」，還會看到其他不同報導。有悼念旅台粵菜「大佬」蕭廣安師傅的文章，道明此醬乃蕭師傅之名作；亦有台灣報章訪問另一由香港轉戰寶島的粵菜猛人黃炳華師傅，標題以「XO醬的原創發明人」來稱呼他。我們先別急於把著眼點放在報導真確性的爭議之上，也別一廂情願斷定，這是被訪者或執筆者的本意。這三個不同的說法，其實有一共通點，就是牽涉其中的人物，似乎都跟香港半島酒店粵菜廳「嘉麟樓」有關。

無獨有偶，那天剛好約了半島酒店的公關朋友，在嘉麟樓午餐聚會。嘉麟樓擁有自己一套待客標準和規格，客人坐下來，除了馬上奉上琥珀合桃和茗茶，桌上還會有一小碟XO辣椒醬。這碟醬的招牌造型，總有兩隻火紅辣子在正中央交叉相疊。那天我們便由它的賣相打開話匣子，公關朋友向我道出XO醬名字由來的其中一說。我們一起看著這小小一碟醬，碟子是圓形，辣子成乂形，圓加乂不就是「XO」嗎？所以每次來這個XO辣椒醬的發源地吃飯，其實都會跟XO有一趟親密的邂逅。

XO之名當然不只憑外形。此醬由嘉麟樓一九八六年開業的第一天起，便已經成為飯桌上的一大特色。起初，它是給客人堂食的精品佐料；但因為甫推出便大受歡迎，所以翌年製作成禮盒裝，一直熱賣至今，成為半島酒店眾多經典出品之一。而XO之名，其實有取材自XO干邑，亦即最高級的白蘭地。八十年代的中菜食桌，是干邑的天下。借其名來比喻用上名貴食材，如瑤柱火腿等製成的非凡辣椒醬，委實是對那年代香港飲食文化的回應。至於它的真正發明者，據半島的澄清，是當年負責為集團開設中菜部的「香港上海大酒店有限公司」地產部團隊合力研發出來的，所以人人都有功勞。再問這三十年來嘉麟樓的XO辣椒醬，在配方上有沒有變動過？原來最初的版本有用上鹹魚作材料，而今天已經沒有再放了。

掛爐說

原來不是掛起來

從小到大，我對飲食之事都有很多不明白的地方，但又不知道如何去找答案。這些疑團，漸漸成為我對飲食文化產生興趣的原動力。其中一個我尚未解開的疑團，是跟傳統粵式燒味有關的。「燒味」，即用火烤方法來調理的各種不同肉類。肉類通常都先經過不少處理程序，如去毛汆水、上色醃味，乃至風乾鼓脹等等瑣碎繁雜的步驟。然後燒烤方法也因應肉的種類、大小、原隻還是切割部分，和所想要達到的效果而異。當中的變數有大有小，但無論是多麼微細的不同，也會令做出來的燒味有著頗為不一樣的外觀、質地和食味。這是廣東燒味為何自己可以成為一個獨立系統，為何粵菜廚師中會有一門專業的燒臘師傅的原因。

以最常見的燒豬來說，你在一家廣東菜館，點一份「燒肉」和點一份「燒腩仔」，其實已經是兩種很不同的東西。「燒肉」是把一整頭移去了內臟，其餘所有骨肉都完好無缺的豬，全隻入爐燒烤好了以後，再切件而成的一樣東西來的。吃燒肉當然可以選擇吃腩的部位（即豬大排豬小排的部分），但即使是同一部位，吃燒肉的腩肉部分，和吃「燒腩仔」根本就是兩碼事。燒腩仔是只切出一頭豬的小部分，剪裁好、處理好之後才拿去用最旺的火來「爆烤」，令豬皮外層烤得焦黑，內層徹底鬆化，最後刮掉燒焦的表面然後切件上桌。吃燒腩仔，主要是吃它鬆脆的「化皮」，而它受火的力度，是不能跟整頭豬進烤爐的效果相提並論的。哪一種比較好，那就絕對是觀點與角度的問題了。於我而言，兩者各有特色，兩者我都喜歡。

那麼「燒乳豬」又如何？有時候在酒家吃飯，看菜單上燒味的部分，會寫著「明爐燒乳豬」或是「掛爐燒乳豬」。「明爐」，字面上馬上令人腦海中浮現出沒有密封箱子收藏火種，火焰橫陳的一種燒烤爐。而「掛爐」的意思，很直接和直覺地，便會令人聯想是把那頭醃好了的乳豬，用鈎掛在一個烤爐上烤熟烤脆。會有如此聯想，是因為作為土生土長的香港人，應該都會見過那種用來烤製燒味用的，好像一個導彈彈頭形狀的鋼鐵烤箱。它就是大名鼎鼎的「太空爐」。廣府人士同時也應該有見識過，燒臘師傅如何把整頭成年人一樣大的中豬，用鈎子掛好了，然後放入這個炮彈似的烤爐中，掛在爐邊關上活門，讓那頭豬在裏面慢慢烤好的場景。除了豬，還有鴨和鵝，甚至叉燒好像都是用同一方法，烤成美味的廣式燒味的。

我當然不熟知廚房的運作過程。但從日常生活的所見所聞中，卻比較多見到燒乳豬用的方法，和上面形容的很不一樣。尤其近年，飲食文化受到消費市場的衝擊，變成了炙手可熱的大眾消費奇跡，也令餐廳需要推行更多和食物未必有直接關聯，但跟討好客人卻密切有關的手段。譬如說，有些以賣燒乳豬聞名的地方，為了令乳豬這招牌商品更被一眾食客留意得到，進而提升消費意慾，便索性把烤乳豬過程中最有看頭的部分，公然向大家展示出來。餐廳會把師傅和烤爐，安排在一個有若玻璃櫥窗的當眼位置。師傅燒製乳豬的過程，便成為了一種招徠，烹煮功夫亦變成了一種街頭賣藝式的表演。此舉除了向客人證明，他們吃的燒乳豬都是隻隻現場即製之外，往好的方向看，就是有向大眾介紹一下傳統燒味的製作過程的效果，令大家在吃燒味之餘，也有多一重的理解。

其實在以前，這種招徠的方法也不是不常見的。因為食物的香味，一向以來都是吸引客人的最佳方法。我家樓下便有一家法式烤雞店，一天到晚都從他們的旋轉烤箱中，傳出惹人的雞香，香得百步之遙也可以聞得到。如果你剛好肚子餓，聞到肉香四溢，本能上必定會去追蹤味道的源頭。從前的燒臘店因為大多還用炭火燒烤，很容易就可以把爐具搬到店外當眼處，在眾目睽睽下「碌」一隻半隻燒鴨，讓視覺嗅覺的刺激，為自己的出品作宣傳。後來，香港法例對明火炭燒有了更嚴格的規範，這種街頭文化便漸漸失去了蹤影。

在過去幾年間，我有幸與不少香港著名的或低調的食家們邂逅。他們對食物和餐廳的知識經驗，給了我不斷從他們身上學習的難得機會。所以，有時候我想起了些甚麼不明白的東西，自己在網上查證不到、解答不到的話，便會找機會去毅然求教於前輩。

那天跟幾個飲食記者和作家吃午飯，吃的是精品廣東菜。菜單上有一道「掛爐琵琶鴨」，我們都想點來吃，可惜那天剛好賣完了。沒得吃的結果，是大家開始去討論何謂「掛爐」。事因我依稀記得，小時候家人曾經提點過我，去廣東燒臘店買烤全鴨，是有兩種不同的做法的。一是名為「燒鴨」的出品，通常都是把鴨醃好，從下腹用長針穿刺收口，然後好像晾衣服一樣的，把整隻鴨以頭朝上掛起來，放入外形如炮彈的「太空爐」裏烤熟。這種掛在爐的內壁燒烤的方法，不可與「掛爐鴨」混為一談。掛爐鴨是把鴨子原隻準備好之後，穿在長柄燒烤叉上，由師傅以人手在一個開放的明火烤爐上慢慢烤香烤熟。這種火爐，原則上跟我們到郊外玩燒烤營火會的炭爐，運作的原理是一樣的，只是更專業，火力更平均。它可以用炭火，也可以用氣體燃料，但最重要的是一定要用明火，才能烤出應有的效果。

可是，「掛爐」這個名詞也實在令人疑惑。明明掛在太空爐內烤熟的鴨，卻不叫掛爐鴨，反而用手在明火上轉動而烤成的，才叫做掛爐鴨。這中間究竟有甚麼玄機？還是有甚麼不為人知的典故，令這兩種烤鴨的名字互相對調了呢？那天席上諸位都未能找到一個說法，於是其中人緣最廣、最吃得開的作家朋友，馬上憑短訊向一位德高望重的飲食界前輩請教。因為這位友人的分量，也因為前輩是個習慣現代通訊方式的先進人，不消一刻他便回覆了友人的詢問，證實了兩種燒鴨的區別與上述的無異。這頓時化解了大家的疑團。

可是，我的疑團卻還未完全釐清。但因為跟前輩沒有如那作家友人般熟，所以也不好意思繼續追問。不知是否問題實在太過縈繞於心，不知不覺間激起了我一股莫名的念力，令我隔天事有湊巧地跟前輩他本人，在另一個飯局中碰上了。還要是同時都早到了，正正給我一個上好的機會，靜靜地把我想要問的問題都說出來。前輩為人厚道，不徐不疾的為我解釋了何謂「掛爐」——其實師傅雙手托著大烤叉的長柄，在明火前靈巧地轉動烤叉、不斷提起又再伸出叉柄，令鴨子和火焰若即若離的動作，就是「掛」，而非有如晾衣服的那種「掛」。所以掛爐鴨並沒有在名字上跟燒鴨搞錯了，只是我們今天運用中文的水平太低，才有這樣的誤解。在此，真的非常感謝前輩，肯為水皮的我耐心講解，真相終於都大白了。

吃東 吃西

High tea 不 high

是高不是高貴

有一次，我到澳洲墨爾本工作，留了六天，主要是每天開會，然後吃飯睡覺。跟這個城市的氣氛一樣，縱使出差，也沒有多大壓力。而且可能因為空氣清新潔淨，實體和心靈的空間亦較多，所以頗有一些工餘的力氣，去張開眼睛呼吸生命，呼吸這個城市閒適但強壯的生命力。

平時在香港，老實說我並不太會買雜誌。身為一個小小的半職業文字工作者，竟然沒有身體力行地去支持所屬行業，這其實已經是直接令香港紙媒最近步進悲劇性衰落的行為，理應為此感到無比羞愧。更不要臉的，是每當外遊，不論公幹還是度假，我都愛在外地買一些資訊讀物。如此媚外的行徑，委實值得前輩後輩行家們的辱罵兼排擠。

有沒有受罰捱罵都好，提起墨爾本之行，是因為那次到埗後我沒有時間去買雜誌，而酒店卻細心預備了一些當地的刊物讀本給住客。其中一本的封面，立時吸引了我的注意。那封面的主題是「英式下午茶」。澳洲和英國在歷史上淵源甚深，澳洲本土飲食文化中，以我有限的知識，亦能觀察到不少跟英倫風格類近之處，就如肉餡餅、炸魚薯條等。所以，在一份澳洲雜誌上出現下午茶專題一點也不出奇；而這本雜誌其實是一份著名英國同名雜誌的澳洲版，這就更令一切都顯得理所當然。

當時我會特別注意這封面，是因為那次出差前，剛巧和香港一些對吃東西甚有研究的朋友，談及下午茶的二三事。大家都說，現在香港連一些酒店，也把傳統英式下午茶寫成「high tea」。未曾有這個討論之前，孤陋寡聞的我其實沒有認真注意 afternoon tea 和 high tea 的分別。經大家一說，我才猛然醒覺，仔細搞清楚兩者不同之處。

「Afternoon tea」亦稱為「low tea」，因為是坐在沙發或優閒式椅子，在矮茶几上面用茶點的活動。它的起源，是英國上流社會當年喜見火水燈的出現，把晚飯時間時髦地推遲到差不多九時許，來炫耀一下燈火通明。高貴的女士們，在中午吃過後要苦待八小時才進晚餐，實在有點難為了肚皮。她們因此發明了下午茶，以精緻的點心甜食，配上等紅茶來優雅地解饞。至於「high tea」，是在較高的飯桌上吃的，因而得名。它是勞動階層下班時吃的正餐，內容都是填飽肚子的主食，如餡餅、肉凍、麵包之類，配一壺濃茶來舒緩疲憊身心。

不知道是否因為香港人覺得下午茶很 high，又不去求證，自以為是，所以才有這個 high low 不分、高低錯配的笑話。不過連這本澳洲雜誌，明明在做下午茶專題，都堂堂正正地印著「high tea」兩個大字。有見及此，我是否也應該放下執著，少理是非對錯，從善如流繼而隨波逐流，才算得上是緊貼潮流呢？

豆豆的神奇之旅

咖啡與歷史和宗教的淵源

跟咖啡師馬克先生邂逅，是我這個啡齡甚淺的咖啡素人的幸運。活了四十九年，喝咖啡的日子卻絕對不足十載。原因是小時候雖聞咖啡香，但年紀尚小沒膽入口。家長也沒特別鼓勵嚐味；我父母非常開放，很小便給我在家喝中國白酒和黑啤之類，只是咖啡卻又沒有特別推薦。直到大學時期，同學「上癮」者眾，人喝我喝之時，才赫然發現自己有不良反應。每次喝後，未幾即覺口乾鼻燥，及後頭痛伴隨而來，症狀跟感冒發燒相似，只是體溫當然沒有升高，而我也不過是咖啡因過敏，而不是真的病倒了。

直到差不多十年前，公司買了一部用方便粉囊的自動咖啡機，那品牌是當時得令的新產品，用了新技術來方便任何沒有沖泡知識的人，都可以一按即成專業水平的意式特濃咖啡。同事們樂此不疲，早一泡午一泡，空氣中誘人的幽香，終教我把心一橫，逕自按一杯出來。頭痛就頭痛吧，也阻不了我躍躍欲試的心情。

那一試，擴闊了我從此以後的飲料選項。雖然喝完還是有點頭痛，但程度遠不及少年時代；接下來再喝幾天，基本上已沒不良反應，從此順理成章變成了我日常生活的一部分。從那時起，一切 espresso、macchiato、americano、latte、cafe au lait、cappuccino、long black、flat white、hand drip、cold drip、nitro 等等，對我來說都是好玩的新事物。

認識新事物，我還是相信應由古老的根源開始。咖啡的來歷其實不明，只知在埃塞俄比亞被發現，在也門發揚光大。普遍傳聞都說，千多年前一位埃塞俄比亞牧羊人，瞥見羊隻吃了一種野果後份外醒目，便拿了這些紅彤彤的漿果去給僧人。怎料僧侶視之為邪物，丟入火堆中毀滅，果籽在火焰中烤烘，釋出惹人香氣，僧侶好奇拿來泡水，便成了世界上的第一杯咖啡了。

以上故事沒有歷史根據，但十五世紀中葉，也門的伊斯蘭蘇菲派密契主義僧侶，運用從埃塞俄比亞移植過去的咖啡，作為進行宗教儀式時輔助精神集中力的飲料，卻是有文字記載的歷史趣聞。也因如此，雖然咖啡源自非洲是證據確鑿的事實，但「阿拉伯咖啡（Arabica coffee）」才是這個古老品種的普及叫法。不過咖啡與宗教的原始關係，絕大多數現代人都懵然不知。假若西方世界極端反伊斯蘭的朋友讀了這些史料，之後喝咖啡時可會因而萌生厭惡感呢？我和咖啡師馬克，邊品嚐他剛剛泡好的 arabica ethiopia harrar，邊談起此等歷史原委，只有對這些傳說、聯想，和咖啡的千變萬化都嘖嘖稱奇。

不只是景致艷雅

被冷落的南洋美食

香港人盲目擁愛日韓流行文化，是情有可原的哀慘事實。回想我出生的年代，我們跟南洋地區的文化關係，其實遠比今天的要強壯得多。在充滿異國情調的馬來西亞和新加坡，廣州話大致通行。身為音樂工作者的我，更能切實地感受到彼邦對我們香港獨特的粵語流行文化，還是有一定程度的興趣和莫名的歸屬感的。大馬觀眾的真誠與熱情，亦每每令走埠登台表演的香港藝人們動容。

小時候，南洋食品是我們香港普羅大眾的平民美食。那年代想要上館子，吃得好一點、特色一點的話，甚少會想到去吃日本菜（當時日本餐廳的數量，也遠不及今天氾濫）。去一家老好馬來餐廳，吃一個西餐湯配一個鮮油餐包，再來個炙熱鐵板牛柳或者雜扒甚麼的，甜品還可以吃克戟和香蕉船。最妙不可言的，是在吃這些的同時，同桌而不同口味的親友，大可歡樂地點半打沙嗲、一碟加多加多，接著一份海南雞飯或者各式海南咖喱。想再吃得特別點，還可點魚阿參（asam）或蝦參乜（sambal），最後來個人吃人愛的珍多冰（cendol/chendul），皆大歡喜。

可惜今天，以上所提及的南洋風味，早已被潮流沖洗淨盡。不談別的，就講老好的港式南洋咖喱，認真地做出來的話，實在絕不遜於日式咖喱飯，甚至大可與其分庭抗禮，成為一種可正名的地方食品類型。不能獲得這結果，跟港人犬儒自卑練精學懶的劣根性最有關係。總是絞盡腦汁去走捷徑、慳功夫、壓價錢，結果客人縱使心裏惦記著港式咖喱的味道，還是寧願去吃新潮又水準穩定的日本咖喱，也不想味蕾與心情受騙。

港式茶餐廳的咖喱，當中亦有不少是向海南咖喱致敬的版本。各家各戶的「咖喱膽」雖然都有自己秘方，但也不外乎適合港人口味的幽香幼滑而微辣。最為「南洋」之處，是大都以椰奶作結，靠它來獲取那種濃稠順滑的口感和香氣。這種咖喱汁，用來配豬牛羊雞鴨魚樣樣皆能。切角的馬鈴薯，幾乎是必須的伴菜；若是微炸過才回鍋的，便更見廚師的認真和心思。再者，如有生熟程度掌握得宜的洋葱塊及燈籠椒，就更能提升一個咖喱的視覺和味覺效果。要做到這個水平，咖喱要點一份做一份，不能預先煮好一大鍋，因為伴菜久泡當中，質感口味會盡失。最後，那口白飯至為重要，它是香濃咖喱汁的最佳伴侶。沒有軟糯的白米飯伴隨，最頂上的咖喱汁也是徒然。說到這裏，大家可能會問「那麼主角的肉食部分呢？」其實對於港式咖喱的愛好者如我，肉絕對不是重點。只要咖喱汁、配菜和白飯都可口迷人，那幾両肉也只不過是錦上添花而已。

談到南洋，也好順帶一提，幾個月前我去了一趟檳城；這是我首次踏足這個聞名已久的地方，內心真的有點緊張。去之前，厚顏無恥地聯絡了一些友人的友人，都是當地媒體菁英，還不要臉地求人家帶我去到處吃最地道的南洋風味。在亞參叻沙、蝦麵、椰漿飯、粿汁、炒粿條等等這些驚人美味之中，有一樣東西突圍而出，成為我最沉醉的食物愛人。它就是檳城的「珍多冰」，當地人都叫它「煎蕊（chendul）」。

那由斑蘭葉汁與糯米粉和澱粉製成的碧綠柔滑粉條，就這樣簡單配上紅豆、冰鎮鮮椰漿和當地有名的椰糖，甜中帶鹹的踏實美味，很適合南洋地方的天氣。小時候吃珍多冰，都是從高腳芭菲杯用吸管啜飲，當作是一款冷飲看待。在檳城吃煎蕊，是好像廣東甜湯一樣的用小碗盛裝，然後用勺子一口一口舀著吃。我們那次去吃的一家，是在檳城喬治市很馳名亦很遊客的一檔，叫「檳榔律馳名潮州煎蕊（Penang Road Famous Teochew Chendul）」。不知是否因為旅行時的心情影響，就是覺得特別好吃，簡直就是人間美味。

「煎蕊」，其實是指甜湯中那些潺潺滑滑的綠色粉條。這配料粉條的來歷雖則未算不明，但也肯定不是百分百清楚。有種說法，它是來自更遙遠的印度尼西亞，而那名稱其實是用來壓製條狀甜粉的器具的音譯。無論如何，這的確是個南洋的有名消暑聖品，而在檳城吃到的，跟在七八十年代香港的版本，在精神上是一致的。只是在味道上，檳城的煎蕊當然是更艷美、更濃郁，也更有我們外國人所嚮往的熱帶風情。有一點可還要說明一下：雖然那人山人海的排隊檔子，自稱所賣的是「馳名潮州煎蕊」，這種甜品跟潮州的關係卻實在是個謎。而我估計，這泰半跟早期潮州移民擺賣有關，而非指煎蕊本身是來自潮州的傳統食品。這個問題，若是我估錯了，希望有高人可以為我慷慨解謎就好了。

天涯若比鄰

與哥倫比亞碟頭飯的距離

在過去幾十年，因為資訊科技的躍進，加上環球航運急速普及化，我們的世界彷彿變得愈來愈小。縱使相隔千萬里，人與人之間互相聯繫起來的可能性，絕對是我們的上代人所無法想像的。對於他們來說，有若科幻小說橋段一般的通訊模式，已經成為了今天城市人的生活日常。

這些由科技發達引來的巨變，無疑令部分人，特別是居住在大都市的現代人，生活上多了不少方便。然而，日子過得舒適便捷，是否等於真的進步了呢？進步的定義，我個人覺得是所有人和所有包圍著人的生存環境，最起碼同步變得愈來愈好，愈來愈少問題和困難。原本要步行半天才可到達的地方，現在不到一小時便成，代價卻是不能永續的環境、日益嚴重的污染和人口集結的壓力。付出這些而換來明快生活節奏，到頭來又是否一種進步呢？

另一較為深層隱藏的影響，是好奇心所帶給我們的推動力。我們從穴居野處一路走來，全靠祖先們對一切事物的求知探索欲望。今天資訊泛濫，加上多年來消費世界利用人類本能的好奇從中獲利，令現代人開始失去對新鮮事物的自然興趣。所失去的不是擁有霸佔的興趣，而是學習探知的興趣。都市生活令我們有一個錯覺——只要有錢，沒有甚麼是得不到的，沒有甚麼是體驗不到的。

於是，我們變得愈來愈保守封閉，害怕一切的未知。我們已經習慣了張大嘴巴，腦袋一片空白地依賴大眾媒體餵養，掌控著我們應吃甚麼、穿甚麼、做甚麼。變成既得利益者期望的「都市人」，已經成為大部分人生存的唯一目標。伴隨的副作用，是對一切不認識的事情，抱持恐懼和抗拒的心態。

上週在銅鑼灣閒逛，走到人流稀少的希雲街，盡頭有家俊俏的咖啡閣，叫「33 cafe」。剛好是午餐時間，翻看一下門前放著的餐牌，原來賣哥倫比亞菜，二話不說進內點了個招牌「mean bean bandeja」。哥倫比亞是中南美國家，我對她們的飲食文化不甚認識，只在前年世博會場吃過一次，但印象深刻。「Bandeja paisa」是哥國國菜之一，是共治一盤的完整餐食，以米飯為主，配合了炸豬腩（chicharrón）、辣肉腸（chorizo）、焗豆、燒玉米、酪梨等不同配菜，冠以感性太陽蛋，味道家常自然，特色辣汁放在一旁悉隨尊便，是種撫慰心靈的安樂飯。雖說「好奇殺死貓」，但我不是夏目漱石；如果沒有丁點殘存的後中年好奇心，便沒能在最庸凡的鬧市，得到這趟一嚐異國風情的機會了。

錯愛山葵

那點綠其實不嗆

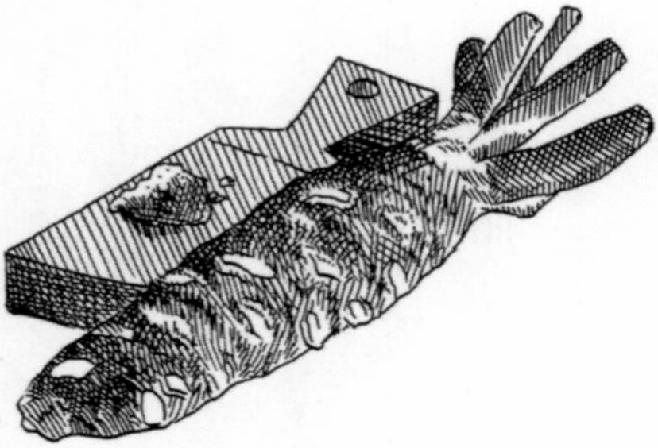

如果有外國人朋友仰慕中國文化，想來香港唸書或者工作，我一定會誠實地告訴他，香港很可能會令他失望，因為香港未必能讓他感受到他心目中的「中國文化」。當然，大體上我們是生活在以中華文化為依歸的社會，但今天國際的「主流」中國文化，是普通話孔子學院那種較為官方式的當代風，跟香港一路由傳統走過來，再被西方思考方法重新排序的特殊品種，是有本質上的差異的。

再者，住在香港，認識中國東西的

機會也未必多。香港人根本就不再穿中式衣服，也少吃中菜，多吃西式快餐。又譬如說廣府話，今天已經逐漸被看成多餘的方言。主流港人只急於下一代要講英文、說普通話；常在街上看到英語不靈光的家長，苦苦與幼兒全英語溝通的現象，就知道廣府話沒有明天。刻意洋化地北望之餘，港人內心深處的真愛，其實還是迷倒全球的東洋魔力。雖然近年韓風盛吹，但去日本旅行始終是大部分港人的夢幻假期；韓食雖然大紅，但真正深度滲透入屋的，依舊還是日本食品。

撇開近年大熱的拉麵和日式烤肉，一直以來保持強勢的一定非壽司莫屬。你看商場林立的香港，不論檔次不計距離，如果有一個標準的商場食肆招商模式，除了本土廣東菜之外，幾乎任何中國地方菜都可以沒有，西餐韓國菜泰菜越南菜統統不需要，壽司店卻好像是不可或缺的。港人習慣吃壽司的歷史悠久，起步在許多世界其他地方之前。但早起步是否代表很懂吃壽司呢？

沒有人天生下來甚麼都懂，所以重點是學習精神。對壽司，我自問真是懂個屁，所以總提醒自己小心觀察，看看對此有研究的人怎樣吃。香港的壽司店，特別是大眾化的如迴轉壽司，或者兼做壽司的海鮮食肆，客人坐下來先送上有小坨青綠色糊膏的醬油。糊膏是山葵的工業化成品，味道強烈刺鼻，之後整頓飯都是在吃這種味。

吃了港式壽司多年，才有機會跟日本人朋友在日本吃正宗壽司。當時即發現最明顯的分別，是醬油碟內沒有那點綠。有的也只是另上的小撮淡綠鮮磨山葵，亦從來沒人把它混進醬油裏。師傅在做壽司時，如需要山葵，其實都已經放了在裏面。所以吃的時候，山葵不但不是必須，更是可免則免。香港人吃壽司刺身，習慣了濃縮山葵膏混醬油的味道。吃魚生最在乎海鮮細膩的原味，用強力青芥來淡化魚腥只因魚生質劣價廉。魚生本來就是上價食材，不應是家常便飯隨便粗吃的。習慣了粗吃時的假山葵味，到吃上品時依樣畫葫蘆，不但浪費珍貴食材，也是對壽司師傅的侮辱，把人家誠意奉上的海上鮮當腐肉辦。

假蟹真造

那只是商品的名字

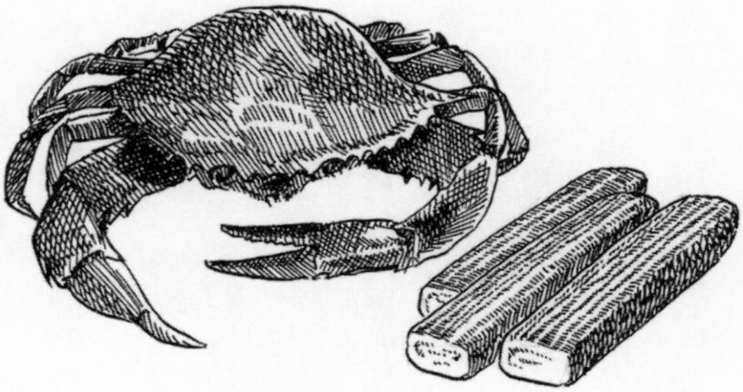

前文談過壽司，談部分港人對山葵在一頓壽司餐中原有作用和角色的誤解。其實我們有機會把東西「弄錯了」，繼而把「錯誤」發揚，成為富本地特色的飲食習慣，也可以看成為文化交流碰撞的自然過程，甚至是融合變種及發展成另一種新菜式的起步點。重要的是，未來無人能預見，趁現在還能追溯前因後果，就應清晰理解，分析記錄。因為這些貌似無關痛癢的小資料，就是人類文明賴以進化，和不同民族文化互相理解尊重的基礎。

我們有機會集體誤解外來文化的另一主因，是我們有許多途徑去接觸外來事物。這個從來都是香港人的福氣；我們在自由的氣氛和環境中，自由地接觸不同的事物，令我們知道世界如此大，自己如此渺小。在這種自由中，我們選擇自己喜愛和仰慕的東西；而香港人，大部分都選擇了日本來的良品。

當日式百貨公司，比英式百貨公司更成功地引入美食廣場（food hall）的概念，那時候還是殖民地的香港，其實在文化上早已是日本殖民地。我就是喝日本進口奶粉長大的。但記憶中，第一樣親手接觸到的日本食品，是在老家樓下小型超市買回來的急凍蟹柳。以薄膠片獨立包裝的紅白色方便食品，我曾經傻傻地拿它來在家自己做壽司。是在那許多年之後我才認識到，原來它不是真的蟹肉，只是手工精良的「仿造食物」。

香港人未曾留意到蟹柳沒蟹絕對情有可原，因為蟹柳不是我們的東西。但有些明明是自己的東西，我們也不求甚解，得過且過，那就說不過去了。既然談到蟹柳沒蟹，正好順便一提「賽螃蟹」。

螃蟹不是廣東人的用詞，所以這個不是廣東菜，算是「外來」。但「賽螃蟹」三字的內容含義，卻是中國語文的課題，責無旁貸。許多人上北方或江浙館子，都愛點這菜；後來不少粵菜餐廳，因此亦跨菜系供應。坊間版本五花八門，有純白如雪的，有放生蛋黃在上面拌勻吃的，也有放青蔥粒或青豆等加點顏色的，甚至有放蟹肉的……。

我自己對這菜的認識，是以鹹蛋清用嫩油泡熟，教人聯想蟹肉的形態、質地和鮮味，因此叫「賽螃蟹」。這個「賽」字，已經把菜的重點完全說明——即是「媲美」蟹肉的意思。從前在香港島寶馬山有個蓄水池，叫「七姊妹水塘」，建於一八八三年。附近居民覺得它風景不錯，叫它「賽西湖」，即媲美杭州西湖的意思。今天湖景不再，但那裏依舊保留「賽西湖公園」的名字。

那年代的港人對中文、對國學都認真得多，起個地名也雅趣。今天，沒多少人知道「賽」字的意思，所以出現有蟹肉的賽螃蟹也無人介意。這正好和今天城中所謂豪宅的起名一樣，不學無術，自作聰明，貽笑大方。

茄汁二三事

英文名拼音之謎

中國人吃西餐的歷史，尤其在大商港，其實是蠻久遠的。十九世紀清末之時，中國開放對外通商的城市如上海、廣州，早已引入西洋文化。可以想像，百多年前在不同的租界，從歐洲和美國等地來中國營商的人，他們把原來的生活習慣和飲食文化，一併帶到中國來。雖然未必有廣泛的中西飲食文化交流，但也可以看成我們打開門戶，接觸外國新事物的先河。

把眼光放回香港，我們的近代史確實為我們打開了門戶，影響了我們的獨有文化。就說飲食，英國殖民統治看起來並沒有葡萄牙對澳門的影響那般明顯，但其實兩者性質不同，難以比較。

葡萄牙管治澳門的時間，遠比英國管治香港的長；英國的管治，卻間接令香港成為近代中西文化交匯碰撞的實驗室，營造引進西方文化的條件。所以，我們沒有發展出「港英菜」，但卻廣泛吸收不同西菜的元素，同時學習上海、廣州等對洋菜的經驗，兼收並蓄而變成我們自己的「豉油西餐」。羅宋湯、金必多魚翅湯、蛋黃醬蘋果沙律、菠蘿火腿扒、鐵板黑椒牛柳、焗肉醬意粉等，都是顯而易見的例子。

如果說真的是從英國直接學來的，可能是煎蛋多士麥皮早餐配奶茶，和西餐桌上的一堆醬汁調料。以前上豉油西餐館，除了餐桌鹽和胡椒，上菜時侍應會把一些原裝醬瓶一併端上。當中大概會有李派林喼汁（Worcestershire sauce）、牛頭牌英式芥末（English mustard）、HP 醬（brown sauce），還有茄汁（tomato ketchup）。尤其是茄汁，它被廣泛認受的程度，已經令它正式進駐中式廚房，納入某些粵菜的食譜之中，成為如酒醋醬油之類的常用調料之一。

茄汁這東西，有許多不同的名字。在沒有真正去留意、去研究之前，懂英文的人很直接地會想到 tomato sauce。但當看清楚瓶上的招紙，便會發現 ketchup 一詞。把它直接按慣常的拼音方法唸出來，跟廣州話茄汁一詞的發音很接近。難道 ketchup 跟 kung fu、dim sum 等等一樣，都是由廣州話音譯過去的？

一如往例，資料蒐集的結果顯示，ketchup 這名字的由來，有許多不同的說法。但令我驚訝的，是它的名字果然跟中文有關，但淵源不在廣東。廈門方言把當地用醃製海產製成的傳統醬汁叫做「膎汁」，發音「kōe-tsiap」。這個叫法隨福建移民流傳至東南亞，馬來人叫它「kicap」。歐洲人來到馬來西亞，聽到了這個詞，也把這種醬的精神帶回老家，用蕃茄做成自家的歐陸版本後，便索性把讀音也搬過來，音譯成「ketchup」或「catchup」，從此在英語世界百世留芳。

今天，聽說過甚麼是「膎汁」（或作「鮭汁」）的中國人相信是極少數，知道由膎汁到茄汁這條文化交流之路的更屬另類，反而茄汁卻是無人不知、平常不過的東西。自己的東西盡數遺忘，外來的卻鍾愛有加，這，又是一個值得我們反思的故事。

薯條的情人們

速食文化以外的選擇

中環某大商場內，有一處賣法國 Bistro 菜式的地方，大廚是法籍，菜單上有不少他的家鄉食品。那兒曾經有過一味招牌菜，就是「French fries」（炸薯條）。你可能會想，炸薯條只是個伴菜，最多是填飽肚子的普通主食，何德何能成為招牌菜呢？

我們這一代，對薯條的認識可能來自速食文化。一個漢堡包、一份炸薯條再加一杯汽水，是標準的美式開心餐。先不談好吃不好吃，就是如此一個三位一體，對於全球很多億人來說，卻代表了現代化城市生活的美好，代表了可能完全不了解、卻無限憧憬的美國文化，甚至代表自由，代表無憂，代表快樂。

美式速食為何有這種影響，當中的政治經濟、社會文化及民族因素千絲萬縷，不是我想去探究和懂得去探究的。我只是想說，它的其中一個副作用，是令世界上的食物愈來愈離地和規格化，在一模一樣的大型生產線上「製造」出來，而非「烹調」出來。漢堡和薯條是沒有自主性的死物，形成這種局面並不是它們的責任，責任在於把飲食企業化的思維。只是這種思維碰巧遇上漢堡和薯條，作為實踐經濟理想、創造過量財富的超導體而已。

我們由速食文化中邂逅薯條，令我們很容易對薯條這種食物的認知和印象變得單一化，以為世上最「標準」的薯條就是這樣大小、質地、味道，和一定要蘸茄汁吃，不然就是「怪」，就是「不正常」。要知道薯條和人一樣，有高矮肥瘦、不同膚色、不同背景；而茄汁亦只是薯條的眾多好友之一，不是它生死相隨的唯一伴侶。

之前說的那個招牌薯條，就是一個例子。因為除了炸好的薯條有兩種不同質地之外，蘸汁更諸多選擇。如果你的思想只是牢固地把炸薯條和茄汁掛鈎的話，那盤招牌薯條肯定教你不知所措。因為在多款醬汁中，茄汁是欠奉的，原因是法國人吃薯條，沒有蘸茄汁的習慣。蘸茄汁只是一個橫掃世界的快餐連鎖店王國硬加於環球飲食文化上，令新一代人狹窄地認識食味的霸道標準。這個標準是為了方便拓展全球業務而設，卻半直接地扼殺了不同地域各自的飲食文化特色。

譬如說，比利時以薯條聞名，在那裏炸薯條是蘸蛋黃醬（mayonnaise）吃的；英國的「fish & chips」（炸魚薯條），薯條粗厚肥大，可以蘸配炸魚的他他醬（tartare sauce）或者麥芽醋（malt vinegar）；加拿大法語區有一種叫「poutine」的菜式，是把濃稠的肉汁直接澆在薯條上，再加芝士吃的；回到法國，薯條當然有更多不同種類和吃法，例如可以直接蘸芥末吃。以上這些，如果你一聽皺眉，我只好表示遺憾；如果你聽罷躍躍欲試，很可能你會試出一個新天地，逃離對食物的保守狹隘思維，可望從此口福大添，眼界亦能開闊。

中國食、中國音

還它們一個英文正名

有位年輕但資深的傳媒朋友，有天給我發了一條信息，問我可有時間跟她聊聊有關菜名的翻譯問題。她想找我談，是因為早前看到我在社交平台上發的牢騷，說了些我自己看不過眼的現象，而她也剛好在做有關的文章，想一起探討一下。

那日跟她談的，是有關中菜名翻譯成英文時，那明目張膽地被加諸頭上的二等文化污名。英語作為現代世界的國際語言，前因後果一言難盡，但其中肯定沒有因為實質上以英文來溝通，較用其他語言或者方言優勝的原由。英文絕對有她的過人之處，但同時亦有她不能直接表達的概念和事物。別誤會，我的語文水平非常普通，絕對沒有足夠的學識和學養來論述這個課題。只是靠著一般常識，加上平日留心觀察，確實發現不少令我看得心裏不舒服的案例。

譬如有一次，看到有地方賣丸子之類的中式甜點，英文隨便翻譯成「Chinese mochi」，我看著便無名火起。這個功課，如果是由一名西人或日本人來做的話，出發點還可以理解；但由一個中國人來這樣譯，便奴性難掩、出乖露醜兼愚昧無知了。其實，「glutinous rice flour dough」便可清楚解釋一切；不然，寫成拼音「wanzi」，讓外國朋友認識一下此普通不過的中國甜點的正名，亦合情合理。搬出「mochi」一字，除了盡出崇洋媚外骨氣全無的洋相，實在也間接侮辱了日本飲食文化。

同樣情況，有介紹肉夾饃的，會以「Chinese hamburger」來一概而論。也許大家會覺得無傷大雅，甚至是靈活變通。但我個人認為，拿來閒時說笑無可厚非，但用在正規的場合，哪怕只是餐館的菜單，都是種涉及意識形態的嚴謹性問題。但今天，就連上網查百度，也肆無忌憚寫著它的英文名字叫「Chinese hamburger」。

其實，吃過肉夾饃的，都會知道它根本上和漢堡包是兩碼事。我倒覺得反過頭來，把hamburger 譯成「西方肉夾饃」而不叫甚麼「漢堡包」才是合理。皆因這種流行於今日陝西的民間小吃，歷史遠比 burger 要悠久。有說，「饃」這種麵食可追溯到秦代；而夾在中間的臘汁肉，更早在周朝已經出現云云。我想，這也許是誇張其詞、吹噓自大罷。但無論如何，肉夾饃或其他種類的夾饃，年歲輩份都肯定比 hamburger 高。所以，下次有機會向外國朋友介紹時，不妨直說其中文名字，或以標準漢語拼音「rou jia mo」來引導，再花點時間解釋它為何物，然後補一句「有點類似西方的 burger 的概念」。如此，不但能為肉夾饃的身份討回公道，外人見我們如此尊重自己文化，也自然會以禮相待、不敢造次。

談罷「肉夾饃」，不如轉個話題，談一下「豆腐」。豆腐是我們中國人發明的，這是我從小被教育的知識，也從來未曾懷疑過其真確性。因為小時候老師說的就是真理，我們學生一般是不會刻意挑戰的。今天，你看世界各地的人，都已經知道甚麼是豆腐，常常吃到它，甚至利用它來做成許多不同類型的國際美食了。豆腐還啟發新一代素食主義運動，在沒有肉和奶類食品的限制之下，創作出充滿蛋白質而且變化多端、質味豐富的素美食。但是，世人都習慣把這源自中國的神奇食物叫做「tofu」；而這，其實是從它日文名字「とうふ」音譯過來的詞語。

我想有許多外國朋友，你問他們有關豆腐的事，他們可能會聯想到日本多於中國。所以，當用英文寫「豆腐」一詞，而又不是在談日本菜時，我常常很氣結地堅持用漢語拼音「dou fu」或廣州話拼音「dau fu」，或意譯的「bean curd / soy bean curd」，而拒絕用「tofu」。我想會介意此事的中國人，全世界除了我之外，也不知有沒有十個。

我經常在中菜館的菜單上看到有豆腐的菜時，它們的英文名字都用了「tofu」。其實，這類事情在以中文為法定語言的香港，例子多的是：把蘿蔔譯成「daikon」，紫菜譯成「nori」，把枸杞子譯成「goji berry」……漸漸地，我已經變得再沒有甚麼感覺了。

說實話，我也覺得若不是有日本如此全面地吸納了我們當年最豐盛的文化資產，許多祖先苦苦經營下來的好東西，我們自己根本沒有意識和能力承傳下去。在我們連文字也即將完全崩壞的當兒，還有日本文化保育著、愛護著我們的部分古文明遺孤，這是不幸中之大幸。正因如此，我更加覺得我們應該加倍尊重自己，不能夠得過且過，順應不知就裏的老外，盲目取納從他們角度出發的標準，而不在意我們自己文化的一貫性和完整性。

所以，我才會主張在中國菜的世界，談及源自中國的、或中日兩地皆有的食品項目時，脫離國際英語慣性地以日語拼音翻譯過來的詞彙，以維護我們飲食文化的尊嚴，同時亦尊重日本飲食文化的獨特性。枸杞子是「Chinese wolfberry（Chinese boxthorn）/ gou qi zi / gau gei ji」、紫菜是「dried purple laver / zi cai / zi choy」、蘿蔔是「Chinese white radish / luo bo / lo pak」、豆腐就當然是「soy bean curd / dou fu / dau fu」了。其實時至今日，還有不少故步自封，活在從前黃金歲月的老外們，看見黃皮膚的人依舊中日韓不分，亂說一通。我們這些來自源遠流長的東亞國度的子民，是無須跟他們一般見識的，你說對嗎？

鮮味與旨味

外語名詞比較潮？

前文談過有關食材的翻譯，提到一些亞洲食物的英文名稱，往往沒有理會行文的內容，只是十分概括化地，用了外語世界較常接觸到的日本飲食文化，如蘿蔔就是daikon，把日文「大根」就這樣直接拿過來，也不理所指的是來自日本的蘿蔔，還是其他地方如中國出產的蘿蔔。

在剛剛過去的農曆新年，我在社交網路平台上，發過一些蘿蔔糕的照片。那款由香港洲際酒店「欣圖軒」製作的賀年糕點，名字叫「鹿兒島厚切大根蘿蔔糕」。這張照片和配字一出來，就有網絡上的朋友回應，說「大根不就是蘿蔔麼？」這位朋友對食材名稱的敏感度，著實值得學習。她的疑問亦十分合乎情理；試想，若果不是因為日本飲食文化在過去十多二十年的一股雄風，世人看到「大根」肯定一頭霧水，不知其為何物。而一底中國廣東式的蘿蔔糕，名字用上「大根」，其實也理應惹起大眾有著跟這位網友同樣的疑惑。只不過這世紀這年代，心底被日本流行文化完全征服的世人，包括陸港澳台兩岸四地的中華兒女們，看到日文名詞總是倍覺時髦又受落。諸如「元気」、「小確幸」、「残念」、「激安」、「宅配」、「放題」、「達人」等等一大堆日文，於日常生活中理直氣壯地當成中文來用，已經是大眾普及文化的現象。像「大根」這樣普通的日語，當然難不到我們暗地裏崇日心理強大的現代中國人。

但是，這個例子還是有其獨特之處的。因為欣圖軒的廚房裏，的而且確是用了來自日本鹿兒島的蘿蔔，因此「大根」一詞是出師有名。最多只可以說這個名稱有語病，因為大根是蘿蔔的一種，所以不應該兩個名詞同時出現在同一個菜名中，就好像你不會說「炒馬鈴薯土豆絲」或者「蕃薯地瓜粥」一樣。但如果你把「蘿蔔糕」看成一種食物類型的稱呼（而事實上它也算是一個獨自的類型），那麼「鹿兒島厚切大根蘿蔔糕」只是旨在說明，這一底蘿蔔糕是用了由鹿兒島來的大根，切成厚條而做成的。而且，把「蘿蔔糕」說成「大根糕」，也絕對是文不通時理亦不通；而大根亦的確是這種蘿蔔的名字，而且更碰巧是我們看得懂的漢字，完全無須再作翻譯。所以，愚見是這樣的一個名字，可以算得上是個說得過去的例子。

但我自己覺得，這個以外的大部分情況，便沒有跟以上例子有著任何類近的背景和原委。硬生生地用上外文的講法，明明有中文詞彙可以應對卻棄而不用，此舉就經常令我有看不舒服的感覺。

我完全沒有語言學的根基，可以支持我去以學術的角度來探究現代漢語之為何物。但以一名用當代中國語文作為書寫語言的寫作員來說，從普通常識的層面上，一直都知道我們今天常用的詞彙中，有不少其實是來自以漢字組合而成的日文詞語。尤其是那些源自西方的概念，便有許多拿日語從西方語言翻譯過來的漢字寫法，直接當作中文去用的例子。諸如「邏輯」、「浪漫」、「電話」、「幹部」、「警察」、「雜誌」、「藝術」、「主義」、「肯定」、「假設」、「直接」等等，這些星羅棋佈、不勝枚舉的日常字彙，其實原本都是日語的用詞。而這也絕對是一個不爭的事實，根本無須和不應去避談或者掩飾。

香港人以中文作母語、英語為第二語言，有幸因為這個雙語的背景，令我們對外面以英語為主流的世界，有多一點的基礎去直接接觸和理解。譬如看書報新聞，我們可以看原來的英語版本，直接地接收訊息和訊息背後文化社會現象的反射，無須透過翻譯，靠二手資訊去看事物。就是因為以上提及的這個背景，令我有機會從英語世界接觸到「umami」這個詞語。

以五個英文字母組成的「umami」，理所當然地在講英文的國度首先風行，也是靠著英語世界的普及力得以一舉成名。愛吃的人，尤其是追隨並追求國際標準的美食家們，應該很早便已經從許多不同的途徑，及從許多不同的飲食專業人士口中，學懂了甚麼是umami。香港人熱愛日本文化，就算不懂日語的，也或多或少對來自日本的事物有比較敏銳的觸覺。我們看到umami一詞，馬上就能看出它原本應該是日語。漢字寫法為「旨味」的 umami，是日本科學家兼東京帝國大學教授池田菊苗先生，最先發表的一個理論和概念。池田於一九〇八年年發現海帶湯汁的味道有別於甜、酸、苦、鹹，這味道由一種名為谷氨酸鹽的物質引出，池田將其命名為 umami（旨味）。不久，他的學生小玉新太郎在一九一三年，亦發現乾鰹魚片中含有另一種叫核苷酸的物質，也能引發 umami 的味感。

西方世界，一直要到一九八五年在夏威夷首個由 The Society for Research on Umami Taste 主導的討論會中，才把旨味定性為科學用詞，並納入成為甜酸苦鹹以外的所謂第五種味覺。而因為西方的語言系統中，沒有一個相應的詞語來說明這個新的味覺概念，因此他們便沿用了來自日語讀音的 umami，來作為他們語言中的一個外來語新字。那麼，我們中文其實又有沒有一個早已存在的詞語，用來形容這種味道感覺呢？

今天，在表面上十分凝聚靠攏的國際飲食舞台上，一眾舉足輕重的名廚、名食評家們，和走在飲食潮流尖端的領導者食客，都因為資訊科技急速發展，社交媒體網絡壓倒性主導，因而得到歷史上從來未曾有過的高調曝光和明星地位。飲食也由我們人類的基本生存需要，一躍而成為消費市場的寵兒。有關飲食的詞語，忽然變成可以點石成金的魔咒；試想在幾十年前，即使先進如美國，有多少人知道甚麼是松露，知道甚麼是 foie gras（鵝肝）？今天在香港，連你家裏的爺爺奶奶也知道吃一個燒賣，若果中間加了松露鵝肝，這平實的點心也會升價十倍。深信「吃富貴飯便是富貴人」的中國百姓如你我者，當然對此趨之若鶩，願意付十倍價錢的大有人在。

我們除了相信吃些貴東西會令人覺得自己富有些，也相信講些厲害深奧的詞語，會令人覺得自己高人一等。我想這是為何不少中國人，懶理自己的語言能力，在高談闊論時銳意加入外語，甚至夾雜用中文同樣可以表達的整句英文，來提高個人話語的分量，往自己臉上貼金。當然，有許多人其實習慣了這樣的講話方式，也不是說他們背後就一定有這計算；可惜更多人是受制於自卑者的逞強心態，所以說者縱然無心，聽者卻還是有意。這處境，實在是種富中國文化特色的荒謬與悲哀。

我某程度上是個古板的人，時常不自覺帶起有色眼鏡，來看別人可能原本純美的動機。當國際飲食名嘴名筆們像發現新大陸似的，一窩蜂地菜無大小都以「umami」來描寫一番，把一直以來自己民族飲食文化基礎未能完全解釋到的一種味道層次，有若涅槃頓悟般釋放出來之時，我們深藏在骨子裏的媚外奴性，馬上就意識到這個由專心勤力的日本人花盡心思發現的「新味道」，實在是一道為自己爭面子的護身符。

「umami」這回事，於我們中國飲食文化來說，並不是新玩意。由天然谷氨酸鹽帶來的umami味感，許多肉類、菜類，及海產類像魚蝦蟹貝等都有含帶。在發酵醃製的食品中，如醬油、蝦膏、魚露、麵豉便更著跡。這些食材，正是不少中國地方菜，尤其南方和沿海地區菜系，它們基本味形的組成元素。我們一向對這些食材的味道有一個簡潔的形容——「鮮味」；鮮味是我們祖先的舌尖早就辨識出來的所謂第五種味道，只是他們的繼承者們沒有日本人做學問的認真嚴謹，因此世人今天才會講「umami」，而不是以「xian wei / sin mei」來形容這種西方人後知後覺的味感。寫到這裏，我不能否認我妒忌日本人的成就，同時誠懇佩服他們的堅毅；最感觸的，是由此可見我們民族的種種劣根性、處處不爭氣。

醍醐難灌頂

乳食文化在世界

我自幼和鮮奶便沒有發展出甚麼友誼。我爸爸告訴我，在我剛出生時，奶粉這玩意早已席捲全球，成為都市父母餵哺嬰兒的主流選擇。其實在美國從五十年代起，配方奶粉的市場便已日漸成熟，而奶粉也被視為科技的成果、進步的圖騰。母乳哺育被看成為過時的、阻礙女性得到自由平等社會地位的絆腳石。雖然在七十年代起，母乳開始逐漸有回歸潮流的趨勢，但大眾為了方便，也為了顯示自己與時並進和有科學頭腦，仍然紛紛摒棄自然的人奶，轉用人工合成的奶粉。所以我這代人，都是吃奶粉長大的，和母親之間的聯繫，可以說就是缺少了這一環。時移世易，今天奶粉依然是門大生意，甚至荒謬地變成了最熱門的走私水貨項目；而母乳，亦已重新登上它那無可取代的地位了。

如上所述，我是吃奶粉長大的。嬰孩的我還在醫院未曾回家時，護士姐姐們把當時得令的配方奶粉，全都拿來給我試吃，看看哪一個牌子的出品，最能夠體貼我還未吃過人間煙火的稚嫩脾胃。怎料我天生一副賤骨頭，護士姐姐們一心把市面上最好最先進的給我試用，奈何我的腸胃毫不領情，只管用盡各種方式去排斥這些高貴的奶粉。我爸爸說，當時試了十多二十種，我的身體全都受不來。最後護士姐姐說，只餘下一種售價最便宜的新入口日本製奶粉，看看我們要不要試試。結果，就是這款當時沒有人選擇的平價貨，把我一點一滴的由嬰孩養大成童，也同時預示了我這個人不服從主流、口味偏離大眾、專門另覓蹊徑的乖僻本性。

今天看多了、接觸多了有關飲食的資訊和常識，明白到「奶」這奇妙不凡的食物，對人的身體很可能是有好壞兩面的影響的。這些好壞影響依舊甚具爭議性，沒有一個說法可以完全無誤地解釋所有情況。我們用盡吃奶的力氣，也未曾有足夠的智慧來透徹了解我們自己奇妙的身體。尤其當我們嘗試用「自己的方法」，企圖改變自然，企圖走捷徑、抄小路，企圖令生活幸福美滿，卻原來做了些對自己和對整個物種乃至整個地球有害的事，自己也懵然不知。

回過來再說奶和奶粉。人奶是我們天然的育嬰主食，是到目前為止任何配方奶粉都不能完全模仿得到的。其他哺乳動物的奶水，成份跟人類的亦截然不同。所以幼嬰是不可以喝牛奶的，更不能以牛奶完全替代人奶和配方奶粉。那麼成年人呢？牛奶又是否真的適合成年人，或者說不分體質、不分種族的所有成年人飲用呢？

喜愛吃東西的人，尤其是好像我這種愛見識世界各地不同的飲食文化，吃別人的地道菜色的饞鬼，應該曾經有察覺過，也有想過，不同地方民族的日常食材，它們之間實在是有莫大的差別的。這差別肯定是地域性的。即是說，從前的交通遠不如今天發達，食材絕大多數都只能夠採納本地原生的。因為首先就不可能解決運送食物的保鮮問題，來往各地的可行方式也太少。運載東西時對於容量的估算和處理，變得極端可貴和昂貴，只可以用來運送商業價值高的物資。如果說食物，就可能只有鹽和香料之類的這些古代奢侈品，才有機會隨著商旅和遊人們周遊列國。

因為有這種地域上的限制，在運輸科技還未曾起步發展的古代，傳統飲食習慣，是沒有受過外來食材衝擊的。世上不同地方的人，都是吃著一方水土而產的新鮮食物成長終老，脾胃也世世代代適應了，培養出一種與天地和諧共處的飲食習慣。就以中華民族為例，雖然幅員廣大因而地域差異性強，但魚米瓜菜之類，始終都是大部分地方的穩定主調。家禽亦算普遍，因此鳥蛋同樣廣被利用。豆類似乎也不少，尤其主導著醬料製作的範疇。但有好一些在其他地方長久以來備受重視的材料，我們卻一向甚少觸及。譬如我們大部分地區沒有廣泛應用橄欖，也從來沒有橄欖油；小扁豆和蕎麥雖然有種植和生產，但卻吃得相當之少；酪梨也完全不會在任何傳統菜餚上出現；對岸的日本常吃的鮭魚、鮪魚、鰹魚，我們也從未深入鑽研過。

但若果要數中國人傳統上最少接觸的一個食品大類，那便一定非奶類莫屬。當然，首先要清晰明確地定義，所謂「中國人」指的究竟是甚麼。雲南地區的少數民族，其實有不少乳製品；西部和西北部地區，連帶西藏高地，自古以來便有乳酪和酥油之類。甚至如今在北京城，酸奶依然是極普遍的日常飲料。甜點中的奶酪，就更加是到京城遊歷時不可錯過的地道美食之一。近若順德，大良牛乳、炸鮮奶、炒奶、薑撞奶等等水牛乳菜式，可說是遠近馳名。連香港人上館子吃京川滬菜時，奶油津白亦幾乎是必定要吃的。當大家津津有味地吃嫩雞煨麵之時，也許不知道那乳白色的湯頭裏，有時候也有放了一些奶水在其中，才會如此甘甜順滑。

所以說中國菜中沒有奶類，也有以偏概全之嫌。只是我們冰箱中常備牛奶或黃油這光景，便肯定是近代才有的事。是都市化進程開始了以後，西方生活方式被抬舉到至高無上的地位，因而衍生出來的新飲食文化，與傳統飲食習慣根本毫無關聯。

有說包括中國人在內的東方人，比較起西方國家來說，是有較多的乳糖不耐症個案的。網上有數據指出，東亞地區的人口中，成年人的乳糖不耐症比率可高達百分之九十；相對而言，在北歐的比例，就只有百分之十左右，是個很明顯的差別。這個症，原因是由於人的消化系統內，缺乏了水解乳糖所必須的乳糖酶，因此在進食了含乳糖的東西（如鮮奶）後，便會出現身體不適的情況。最常見的症狀，包括腹脹和腹瀉。

乳糖不耐症，又跟牛奶過敏不一樣。牛奶過敏，與消化系統的運作機制關係不大，反而是因為人的身體，對牛奶中的蛋白質產生過敏反應而致。牛奶過敏的朋友，一旦喝了牛奶的話，便可能會出現胃腸道的過敏反應，如肚瀉、嘔吐、腹痛或大便帶血等。這些症狀中，有部分跟乳糖不耐症的反應相近。但有時候，皮膚或呼吸系統也會因為喝了牛奶，而出現因敏感而來的異常情況，諸如皮膚痕癢、出疹、濕疹、雙眼發紅，以及出現不同程度的氣喘、嘴唇腫脹、呼吸急促等症狀。而因為乳糖不耐症是限於消化系統內的事，所以一般是不會令人皮膚敏感，或者呼吸道出現問題的。

剛才提到，我嬰孩時期對絕大多數市面上的奶粉，都有消化不良的反應。一直到我成人，牛奶喝下去都依然會為我帶來種種身體上不舒服的感覺。我起初以為自己一定是乳糖不耐症。因為從多方面資料上看來，人體消化系統中的乳糖酶缺乏，主要是由遺傳因素所導致的。世界上某些地方的族群，他們祖先的食物來源，包含了未發酵的乳製品種類。這些地方的人，因為飲食習慣穩定地世代流傳，所以相應地發生乳糖不耐症的比率，會較其他地方為低。例如在英國居住的英國人口中，只有百分之五到十五的乳糖不耐症比例；德國是百分之十五；意大利百分之二十到七十，落差頗大。法國亦一樣有地區性落差；如果是北部人士，比例是百分之十七，南部卻變成百分之六十五，不知是否因為北部用奶油或黃油煮食為多，而南部卻有用橄欖油或其他動植物油的緣故。在美國的情況更加有趣；不分地域只限種族而言，英裔的僅百分之二十一，拉丁裔是百分之五十一，非洲裔卻高達百分之七十五。

不過以上的數字，全部不及東亞地區的比率。東亞人有乳糖不耐的，差不多達到百分之一百，可謂全民皆抗奶。因此我就強烈覺得，自己的不耐乳糖本性，是理所當然地遺傳而來的。直到最近，知道了多一點有關乳糖不耐和牛奶敏感的差異，才開始懷疑自己其實是否實屬牛奶敏感症，甚至不耐和敏感兩樣同時擁有。

說起乳製品，年前有一位非常友好而且有心的日本朋友，她來香港玩的時候，帶來了一份來自新潟縣的小禮物。那是一小瓶半乾乳酪口味的膏醬，有如西人的 spread 一樣，但混合了照燒帆立貝這個日本元素。這個醬用來拌白飯、白麵、通心粉，又或者乾脆直接吃，味道都很棒。日本朋友把這可愛小瓶送我之時，除了叮囑一定要放冰箱和開瓶後要盡快吃完之外，還小心翼翼地往瓶子上面的招紙指一下，提示我看看上面的三隻漢字，然後微笑地說：「看到這個，你應該明白裏面的膏醬，是屬於甚麼味道的了。」

那三隻漢字，就是響噹噹的「醍醐味」（此醬名叫「帆立照燒醍醐味」，是新潟「加島屋」的一種「洋風惣菜」，即是帶西餐口味的出品）。我的日本朋友在香港居住過也工作過一段不短的時間，會寫、會講中文。這三個字無論是日文或中文的詞義，這位朋友都瞭如指掌。日本今天的文化中，保留了大量古典中國的情與事，這是很多中國人都知道的。這些好東西，被日本借用並鞏固發揚，但它們的原貌，卻早被中華民族的後人遺忘離棄。

今天，在台灣或內地情況如何，我不敢亂說；但隨便找個香港人，問問甚麼是「醍醐」，我相信十居其九都答不出來。「醍醐灌頂」可能還有些人聽過，但亦有不少人以為寫出來是同音的錯體「提壺灌頂」，誤解為往天靈蓋淋冷水來清醒腦筋的意思。「醍醐」在中國典籍中常有出現，李時珍《本草綱目》中〈獸部第五十卷，獸之一醍醐〉便有詳細提及：「……《佛書》稱乳成酪，酪成酥，酥成醍醐。……作酪時，上一重凝者為酪面，酪面上，其色如油者為醍醐。熬之即出，不可多得，極甘美，用處亦少。」這當中提到的《佛書》，很可能是指最先有記載「醍醐」的《大涅槃經》。經中《聖行品》有寫道：「譬如從牛出乳，從乳出酪，從酪出生酥，從生酥出熟酥，從熟酥出醍醐。」佛教用醍醐比喻「無上法味」，指那眾生皆有的佛性，也指「大涅槃」的境界，是佛教教義其中精要所在。這猶如英語中借用法文 crème de la crème 來形容優中之優；同樣是在說奶油，醍醐就是最高尚精良的乳製品，是最頂層最頂尖的，也是古時的人覺得甚為珍貴的美食材料。

而「醍醐灌頂」是比喻用最上乘的乳油，好像古印度王於登基大典之上，被四海之水淋灌頭上洗禮一樣，把佛法的智慧注入腦內，令人得到覺醒頓悟，終達涅槃之境。佛教是從印度傳入的，經中國傳到日本。經文上的乳品比喻，跟印度飲食大量使用各種奶製品相信不無關係。而原來日本古代，也曾出現過經中所說的「醍醐」、「蘇」（穌/酥）等食品。

日本是個乳酸飲料的聰明商人。其實日本在幾乎一切她涉獵的商品行銷事務上，都表現出令人折服的聰明才智。她的其中一個強項，就是把一些固有的事物，從用家角度將其變成有趣而又易於消費的新品種，然後精準地包裝再推出市場。由「益力多」（Yakult）到「可爾必思」（Calpis），日本企業家的商業頭腦和眼光，都是令這些乳酸飲品能夠行銷世界的原因。拿「可爾必思」為例，相傳是由煉出醍醐的「蘇」得來靈感。今天在古都奈良，聽說依然有人復古製作「蘇」這種失傳的乳品。

反觀我們在過去一百年大大落後於人的情況下，令至今天暴富起來的一小群，眼光也只懂聚焦於快速達成的享樂之中。我們窮得只剩下唯一的共同武器——用忽然激增的銀彈，追逐世界各地名氣事物。除了使盡吃奶之力，報復式地討回自己和家人前輩以前所得不到的，其實還希望借這些吃喝穿戴、浮華不實，來掩飾自覺羞恥的中國人身份。最好就移居海外一了百了，兒女子孫一口外語，承襲西洋生活做西洋人；總之，反正愈不中國愈高尚就是。而對別人的成就，除了眼紅也只有抄襲，從不踏實地思考一下他人成功的因由，和自己失敗的原委。

但在扮西人這個遊戲中，我們也其實不斷在自暴其短。繼續用乳酪這個題目來說一下吧。「醍醐灌頂」一詞，是我們祖先從印度的佛教經典中翻譯過來，咀嚼玩味、融會貫通後，再傳到日本去的。醍醐以及其他乳類食物，在今天主流中國社會上，雖然依稀可見其蹤跡，但絕對沒有成為一個富色彩層次的文化習俗。我們近年對乳酪芝士等的關注，都由於媚外的心態，沒有半點求知的上進心，不如日本人他們萬分之一的用心用意。相信大家一定遇過身邊有朋友表示自己最愛吃芝士；然而當遇到正統的歐洲芝士，別說羊乳做的或霉菌發酵的「重口味」類型，連最普通的家常貨色都不甚了了、敬而遠之，亦完全不懂應該如何去品味它。然後你會發現，原來他們所謂愛芝士，是愛芝士蛋糕、愛美式披薩上的溶芝，甚至只是愛化學合成芝士味道的零食而已。我幾乎可以大膽說，同樣的怪異思想，在日本人中鮮有出現。

所以，事實是日本人主動尋根，研究古老的「蘇」，令它復活過來之餘，更發展出舉世聞名的事業；而我們還只是口說罷買日貨，叫外國勢力不要說三道四，然後全民崇日崇洋的心態根深蒂固，對自己的文化歷史絲毫沒有半點忠義。生活水準上的「醍醐灌頂」，人家早就知道了、洞察了、努力推動了，我們卻還在低層次上追求感覺良好。若你問我，我們還有沒有一朝醍醐灌頂、大徹大悟然後振作起來的機會，我只會老實地說一句：「悲觀」。

赤的疑惑

你要幾成熟？

在許多人的眼中，我可能是一個冷血的人。冷血的人不一定是殺手；以今天的社會環境和氣氛，要殺人並不一定要用實體兇器，甚至殺了人也可以逍遙到無須受責。不顧他人感受的尖銳惡意言論，因自卑和恐懼心理而誘發的壓迫及欺凌，一切金錢上的不平等交易和詭詐，乃至社會的不公義和粗疏失誤的政策施行等，都可以直接或間接地殺人於無形。

我自問沒有如此神通廣大，可以靠日常工作上的話語、行為或者責任來置人於死地。但我依然可以被歸類為「冷血」，原因是我從來不怕血。不怕血就是冷血這個概念，我也是近期才開始漸漸明白。因為從常理來看，不怕血和冷血應該是沒有關係的吧。它們一個是說明某人對一種常見的恐懼因素的免疫力，另一個明顯地只是用了「血」這個字，來比喻一種思想和行為上的取向。正如廣府話說一個人「黑心」、「壞心腸」，絕對不是指這人的心臟和腸道都壞掉，都是黑色的一樣。

而我被定性為「冷血」，信不信由你，竟然因為我不怕吃見血的生肉這個不是特點的特點。不如先這樣說吧，我知道許多人是不能吃帶血的肉的。他們有的可以是在餐刀切開牛排時，如果有殷紅的液體流出，不理是汁是血，看到馬上就要吐，嚴重的更就此暈厥過去。為何對鮮血會有這種反應，我想是一個複雜的問題。當中原因有帶悲傷的，譬如曾經親眼目睹過屠殺慘劇，心裏的陰影永遠都不能磨滅。但亦有些只是幼年被不正確引導，因而對血存在非理性的恐怖感。但無論原因為何，若是從理性的角度來看，一個人吃不了血，是否就等於心地善良、熱情熱血呢？

同樣道理，嗜吃帶血的肉，也不等於這人本質上就是嗜血，就是生性兇殘、酷愛殺戮，或者對生命無情無意，對痛楚亦無動於衷。可能大家看電視和手機的澎湃資訊看得太多了，漸漸習慣不加思索，不去求證，不接觸真人真事，單憑別人加鹽加醋的二三四手見聞和見解，便斷定世界就是如此，人也就是如此簡單的被二元分類。

當然，吃不吃血紅的肉實在是最無關痛癢的事；只是這個對「血」的誤解和歧視，畢竟亦反映出人習慣不自覺地把東西連繫起來，而那些連繫有時候牢固得會使人的思想變得狹窄。不過，在討論不吃血「問題」的來龍去脈之前，我反而想先談一下另一極端——不顧一切，吃牛排時堅持只吃 blue rare 的這種任性行為究竟有多任性。

吃牛排羊排時，那些「扒」無大小都例必要 blue rare，不流血不開心的食客，我常常暗裏稱他們做「藍血人」。無他，按照我大膽估算，在他們當中應該有部分人，覺得吃牛排是愈吃得生愈好，愈吃得生表示你愈懂吃。而懂得吃牛排這種相對高檔高消費的西方食品，便有出身富裕，生活高尚的含義。

其他地方我不認識也不敢說，但香港這個西九請西人，任何和西方有關的便是權威的奴性城市，吃一頓餐牌上只有英文和法文（意大利文、德文、西班牙文甚至日文也行，只要無中文）的離地飯，便自然自覺有騰雲駕霧的優越感。西人吃牛排不吃全熟，不明就裏而東施效顰的香港人，當然要以身作則，吃得血中血，方為人上人；而且還能滿口鮮血地，嘲笑血濃於水的自己人，笑他們土包子沒見識。

為何我會有上述這些觀感體會？無他，因為我是過來人。年少的我，絕對有習染了香港人這種媚洋的惡行。我也曾不知好歹，常常心裏暗笑人家不懂這不懂那。亦曾以為牛排吃得愈生愈多血紅，別人便會愈以為我西化，因而把我看高一線。但其實從行為上、見識上，乃至心態上，這都是完完全全荒之大謬的想法。

近年，我開始學懂了一件事。吃東西如果是為了果腹，吃得營養均衡是最重要的，而味道甚麼的其實非常次要。你吃藥就不會要求藥要美味吧；同樣道理，如果為了一些特定目的而吃，我就會完全不介意甚至不留意味覺上的享樂。相反，如果追求味覺的饗宴，就應該花時間去搜集資訊，自己去不同的地方試吃，直到建立起一個合自己口味的餐廳資料庫。那我便可以從此很有依歸地去找我認為好吃的東西，浸淫於自我的味覺享受中。

但吃飯有時候還有其他目的；其中一樣，是學習。飲食之所以被人說成是文化，甚至藝術，是因為當中的而且確有文化藝術的層面及層次。品嚐一個地方的食品，是可以從中學習和了解人家的文化的。這個時候，吃一頓飯便真的是「與我無關」；無關之處，在於主角不是我的個人口味，而是人家餐桌上的傳統美食，和伴隨而來的習俗習慣。我坐下來，為的是要虛心受教，而不是根據我自己的主觀飲食喜好說三道四。

好吃不好吃從來主觀之極；以自己的主觀偏好，來否定別人歷代祖先傳承下來的饗饌，是粗暴的文化罪行。說些甚麼「這個味道我接受得到」之類的評價，亦是自我中心的愚蠢浮現。人家的文化，甚麼時候要得到某個人的「接受」才光榮？難道他／她以為自己的文化背景高人一等？同樣道理，接受淌血的牛排，難道便等於靠攏所謂高尚的西方文化，便要跟自己民族的其他成員有所不同嗎？

我們今天去吃飯，實在已經完全變成了一種花錢找節目的娛樂。娛樂沒有甚麼不對；但如果事無大小，最後都只能變成娛樂，那便開始有問題。我所指的娛樂，是純以消費者的一時滿足為依歸的營運模式。以電影為例，純娛樂的電影，當然不代表沒有技巧、沒有深度可言；但若只顧觀眾喜不喜歡，只從所謂「市場需求」的角度去決定一切，矮化製作一部影片的專業性，那慢慢地，這個藝術形式，便可能會開始從內裏枯病而死。

死因方面，跟那行業失去了人類追求美學的原動力有關。長期只懂依賴大量短線即興、信口隨意、欠思考、欠討論、欠根據而且情緒化的反應和流言，漸漸便會失去傳統經驗的根基靠山，令創造力和前瞻性冒險精神萎縮。最後，只有遺忘過去，同時亦看不見未來；走上默默枯亡的結局，只是早晚的問題。

以上純粹是靠舉例來闡釋抽象概念，絕不是說電影的前途就是如此。不過，若我們不正視這個時代的隱患，那麼不單是電影，所有前人留下的文化、經濟、政治寶藏，包括源遠流長的飲食智慧，都有可能會以一個意想不到的速度，在我們還在歡慶地大吃大喝、亂吃亂喝的當兒，悄悄地崩壞、毀滅、消失。

由吃不吃帶血的生肉，引發上面的一大段牢騷，回想過來，也應該講一下我是經歷過甚麼情境，令至有如此沉重的聯想。約十年前，當我開始嘗試認真寫一些飲食文化的文章時，便叮囑自己吃飯要多作思考、少顧口慾。而付諸行動的方法，就是盡量依據廚師設計一道菜時的原意去吃；即不是我本人喜歡怎樣吃，就怎樣吃。這樣做，是為了避免「我」這個主觀因素牽頭獨大，藉此放棄「食物是用來取悅我」這種慣性的消費主義惡霸思維；拒絕靠高高在上的審判者姿態，對菜餚和廚師行使沒有意義的批鬥權，以慰撫自己淒弱的小我；最後防止倚賴虛烏的消費權力鬥爭，在自卑中尋找自大。

我當然不認為所有人吃飯都要如此煞有介事。只是希望從飲食中，多領悟人性，多了解自己。譬如說「選擇」，去吃飯消費，便是一個選擇的遊戲。由選擇去甚麼地方吃開始，直到在菜單上選菜，都牽涉知識和經驗的運用，只是我們大部分時間都自然得毫不在意罷了。選菜式是要學習的；而選擇怎樣去吃一個菜，便更加需要學習。好像吃一塊牛排應吃幾熟，本來就是一門學問。除非我是個養牛的、解牛的或者是賣牛肉為生的，不然在這方面，十居其九我都恐怕及不上天天烤牛排給客人吃的廚師們，和天天把烤好的牛排送到客人面前的侍應們那樣專業。在這個課題上，也絕少能及他們熟悉知情。

今天吃牛排羊排鹿排，甚至吃魚排豬排時，如果不是吃粵港式古老 fusion「豉油西餐」的話，多數情況侍應生都會過來問，「先生/小姐，你呢份牛扒要幾成熟？」廣府話「牛扒」就是牛排，「幾成熟」是幾分熟的意思。小時候跟隨大人點牛排，五分熟好像是可接受生熟度的起點；少於五分，便似乎是太生了。當然，還是有不少人會點全熟的。不過，來回於五分到八分熟之間，長久以來都是廣府人或者港澳兩地的華人，大家約定俗成的標準吃法。

有時候我們可能會笑人家，牛排吃全熟即是不懂吃西餐。但其實不論哪種牛、哪個部位的牛排，如果千篇一律吃半生不熟，那又是另一種不懂吃西餐的表現。牛排真的是五花八門。最普遍，由牛的部位來粗疏區分，有取自後或前腰脊肉的「西冷牛排」（sirloin，沙朗牛排）；取自牛里肌肉的「牛柳」（fillet，菲力牛排），又稱「牛里脊」（tenderloin）；牛背上大塊脊骨肉中間夾著T字形大骨，一邊是牛柳、一邊是西冷的「紐約客牛排」（New York strip），這一塊就是馳名的「T骨牛排」（T bone，丁骨牛排）。還有取自牛肋脊部位的「肋眼牛排」（rib eye），和取自牛胸腔左右兩側的「牛小排」（short ribs）等等。

這些來自不同部位的牛排，因為肉質、含油份與油花分佈都不一樣的關係，吃它們的最佳生熟度也各異。譬如牛柳，可吃的生熟幅度較大，由三分（medium rare）到七分（medium well）都能保持好肉質，怎樣吃便基於個人追求的效果和特色了。但好像牛小排，是可以吃全熟的，因為它的肉質結構和油份分佈，令其即使煮成全熟，肉質還是很可口；反而把它煮得過生的話，牛肉風味可能會遜色得多。

以上說的，只是非常皮毛地觸及這個課題，還沒有提及不同品種的牛，不同地方菜系吃肉的傳統習慣，還有其他肉食類型如羊、鹿等等的這些因素。所以，除非我是個專業地去吃牛排的人，否則我是幾乎沒有可能拿捏得準的。這時候，最好不過的，便是相信專業人士的專業意見。

我近年每每遇到侍應於點菜時，需要客人選吃幾分熟的情況，當他或她提出那「先生，你要幾成熟？」的問題，我便會有禮地回應說：「我依廚師建議的生熟度便可。」有些對樓面服務員的訓練比較全面的地方，侍應聽到我這樣說，很可能馬上會答道：「廚師建議吃七分熟，先生你覺得可以嗎？」那我便當然會答「可以」，這不僅是因為我由全生到全熟，由最血淋淋到最柴、最乾、最有嚼勁的一塊肉，我都能照單全收；更確切的，是因為我覺得如果廚師和侍應都這般專業，我也應該盡量成為一個專業的食客。專業的食客，不一定要是最懂吃的人，只要懂得尊重飲食文化，尊重廚師和服務人員，最重要的——懂得尊重自己便成了。

雞無鴿血

生熟食的執著

吃肉要吃生的還是要吃熟的，最低限度可以從兩個不同角度，即是衛生角度和文化角度，去找到較為客觀的指引。

兩者中，衛生角度可能相對簡單；不用醫學專業人士的提示，一般大眾都曉得吃沒有完全煮熟的食物，是有一定風險的。這風險，與其說是生肉本身的危險性，其實更多是因為生肉處理不當，因而令吃了這些肉的人，面對不同程度的食物中毒風險。例如生長在清潔的海洋中鮮活的魚，牠們的魚肉做成刺身，本身雖然不可以說是百分百食用安全，但大部分吃魚生惹禍的人，其實都是因為魚生已經變得不新鮮，在運送、存放、處理及出售的過程中，出現了各種衛生管理問題，令魚肉受到污染，吃出病來。

文化的角度，便相對複雜得多了。從前，資訊不若今天通達。當地域限制依然主宰世界，限制著人的生活習慣及價值觀念時，我們鮮有如此直接地，受到其他地區的文化所影響和衝擊。一百年前，除了上海、廣州等等這些對外開放的商港之外，大部分中國城市，應該很少會出現法國餐廳、西班牙餐廳或者意大利餐廳這種場所。

同樣，當時在歐洲大陸，也不會有川菜館、江浙菜館、粵菜館等等。不過，就算是今天，在歐洲要找一家正經正常的粵菜館或京菜館之類，依舊極之艱難，不過這是另一個課題。換了在亞洲，現在大部分大城市中，法菜、意菜這些主流歐洲菜系，我們幾乎都一定可以找到幾家頗為認真經營的餐廳了。只不過，這並不代表西方飲食文化，同時全面成功地登陸。

大家可能會想，這些外國來的玩意兒，都是有錢的上流社會人士的專利。這在幾十年前可能還說得通；但今天，這些玩意兒早已是中產階層的生活趣味之一。即使沒有中產階層的消費能力，百姓也被主攻中產市場的主流傳媒渲染，對這些屬於洋人的「高品味」有所認識，甚至暗暗認同。以香港為例，付得起錢吃法國鵝肝、意大利白松露或者裏海魚子醬的，雖然絕不是大多數，但這些已經變成消費神話的矜貴食品，簡直已經街知巷聞到一個程度，可以媲美基本生活常識。

要講餐桌上的「高級」和「體面」，這些歐洲奢侈食材早跟鮑參翅肚平起平坐，甚至有超越這些傳統精品的勢頭。從這方面去看，可以說是反映出港人對西洋飲食的認識有所增加，有所普及。但實際上，在憑金錢來衡量的純消費價值和角度以外，我們又有否對外來的飲食文化，努力開闢過一道認真觀摩與學習的橋樑呢？

日本有吃雞刺身，即吃生雞肉的文化。雞刺身的吃法，跟其他海鮮或肉類刺身一樣，有不同的形式及配套，有外面煮熟但裏面還是生肉的做法，亦有全生的吃法。除了雞肉，部分內臟也會以刺身的形式生吃。當然，透過上乘刀功去蕪存菁後，一份雞刺身是美觀且文明地展現在食客面前的，完全不帶任何齷齪邋遢的感覺，就如一切其他刺身料理一樣。覺得它齷齪邋遢，都是源自吃者心理上的抗拒感，和食物本身幾乎完全沒有關係。

吃雞這回事，香港人可說是跟老外同一陣線，都不太能夠把全生的雞肉刺身放入口中。從前在日本，我吃過很多雞肉刺身，覺得它是尋常不過的生肉。客觀地說，如果你連日本人大部分時間棄而不取的鮭魚刺身也愛吃的話，這個雞刺身在質地和味道上一定難不到你。甚至可以說，它比牛肉刺身更容易吃，更接近港人和老外一般認同的臉滑濕軟的標準刺身食感。

但事實是，絕大多數港人就是接受不來。接受不來明顯跟雞刺身的味道和質感無關，因為在這些生雞肉還沒有機會被放入口之前，它們就已經在觀念上被拒絕了。對，是在觀念上；令至大家不吃雞刺身的主導性原因，是一些固有觀念上的障礙。

這種障礙當然是空穴來風，而其中有關健康的考慮，是一個重要因素。我估算，在人類懂得甚麼是沙門氏菌，又或者知道這個世界上有細菌這東西存在之前，就應該已經憑經驗察覺出，吃未經煮熟的雞肉，是有機會生病的。直到證實了沙門氏菌和雞肉的關係，這個問題可以說是正式成為了普及常識，和「美艷的菇菌可能有毒」及「吃露筍會令小便有怪味」等等這些「冷知識」平起平坐。

但有趣的是，不吃生雞肉，又不一定是必然要吃完全熟透的。香港人的本土菜，是受廣東省不同地區飲食文化影響的港式粵菜。港式粵菜中的「白切雞」，是最家傳戶曉的一道廣東雞菜式。

吃白切雞，最平常的吃法其實不是全熟的。白切雞的做法，是全雞在烹煮完成之後，必須放置一段時間，到吃之前才斬件上碟。這時，雞肉已經差不多回到室溫，斬開來的雞肉只會是微暖，絕不會熱氣蒸騰。加上廣東人斬白切雞，其實是粗暴的；一刀下去，就要把雞肉連雞骨一起玲瓏地斬成兩半。而雞骨的切口，特別是大骨如雞腿骨之類，是要呈鮮紅色才叫做火候掌控得宜。如果骨的切口中間已經變成褐色，老饕們便會嚷著說這雞煮得過熟了。但其實骨中見紅，是雞還未完全熟透的表現，尤其近骨的肉，其實還依然有生肉的質地和形態。所以有不少老外們，其實是接受不了白切雞的。

文化差異無處不在，但卻在餐桌上表現得最直接和誠實。其他範疇，不時可以用客套的假話、假動作，形成一個文化對峙的緩衝區。但吃飯的場合往往不得不見真章，因為不能接受而吃不下去的話，無論怎樣美言掩飾、詐癲納福甚至託病婉拒，沒吃就是沒吃，不妥協的姿態一目了然。

我就曾經多次目睹老外吃傳統粵菜，正吃得高興之時，白切雞一來，主人家為表好客，逕自把雞腿最厚大的一塊夾給外賓。老外一看，見中間雞骨的切口殷紅一片，旁邊近骨的雞肉含糊呈現半透明，當下就不敢碰了。主人家不細心，以自家的角度看事情，不明白為何老外會覺得雞肉還未煮熟，不能吃。因為從他的立場來說，白切雞一向都是這樣吃的，在思想概念上根本沒有這是煮不熟不能吃的意識。但從客觀的科學角度看，標準的白切雞，它近骨的地方，的確未必會煮得百分百熟透的。

然而，歐洲菜如法國或意大利之類，除了雞，許多禽鳥的肉他們都會吃半生不熟的。鴨胸便是個經典的例子。最通俗的法式煎鴨胸，鴨胸肉切開來時，中間都是嫩粉紅甚至帶血紅的顏色。有些中國人不能接受這道菜，就是因為吃不慣未熟透的鴨肉。

但其實半熟鴨胸已經還好了。尤其今天大家對西洋飲食文化的認識，一般都加深了不少。許多華人食客都開始明白到，半熟鴨胸的趣味性在哪裏。但另一隻美味小鳥，就還沒可以衝破這心理禁忌的關口。說的是中國人和法國人都愛吃的鴿子。

廣東人吃滷乳鴿、燒乳鴿，或者炒鴿脯、鴿鬆之類，實在是平常不過。法國人同樣常煮常吃鴿子，所以在這方面，兩個民族的眼光是一致的。只是中國人吃鴿，必定完全煮熟；法國人煮乳鴿，卻不論鴿胸鴿腿，都喜歡半生。這當然是習慣問題，並沒有對錯之分。但以香港來說，我知道不少西餐廳都曾經賣過法式乳鴿菜，卻給大部分客人退回來，說鴿肉還沒有煮熟。無論侍應怎樣解釋，說服客人這是西餐正常的吃法，也沒有食物安全問題需要顧慮，客人還是一口也不願去試。

觀乎以上的情況，當我們認為血紅的鴿肉有問題時，老外亦害怕白切雞的殷紅骨髓。各自相互不同的標準，輕鬆地看可以當趣味小知識；但若要憑彼此的差異來互相批判，是可以非常傷感情的。甚麼能吃甚麼不能吃，在不同文化背景成長的人，已經可以有如此大的落差。換作其他敏感課題如宗教政治，一旦沒有虛心探究和妥善處理箇中的差異，真的是可以殺死人的。食物不是不重要，但起碼沒那樣容易挑起仇恨。由食物開始，慢慢去認識世界，也許是今天我們大家都應該嘗試去做的事。

食的心態

觀自助

自助餐看獸性

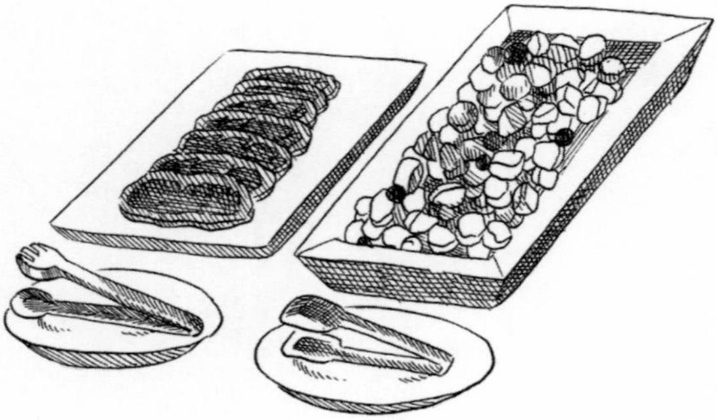

吳承恩的《西遊記》，書中充滿了神怪的事物、人物和情境，小時候曾被這些超越現實世界的內容深深迷倒。厚重的一部經典，裏面的文字對於一介小學生來說，算不上十分顯淺易明。然而每天晚上臨睡前，一點一點的慢慢讀、慢慢推進，也真教幼年的我完全投入了那個古老的魔幻國度。書中有不少取材自中國傳說和神話故事的橋段和細節，當中出現過的眾多法寶中，有一樣東西叫做「照妖鏡」。

照妖鏡是托塔天王李靖，除了手中

的招牌法寶黃金寶塔外，另一降魔伏妖必殺絕技。李靖的照妖鏡，後來才知道其實在另一名著《封神演義》中也有出現。此鏡連在大鬧天宮的花果山美猴王身上也能奏效，用於其他一般魍魎魑魅，當然所向披靡。所以，這個寶物亦引伸成道教的其中一種主要法器。道教的祭祀壇場，許多都有法鏡懸於神龕正上方，妖邪之物被鏡反照得原形畢露，也就不能靠近壇場宮觀了。這個宗教習俗亦有流入民間；中國百姓家習慣把一面明鏡，掛在前廳正面對著大門方向的牆上，相信它有驅邪鎮鬼之效，可保家宅平安。

我們祖先就有這個智慧，用鏡來比喻一種洞察心靈，明辨是非的意識。鏡子可以反映出平時我們自己無法看到的自我形態和容貌。我們天生下來，眼睛是對外的，我們只能從我們的臉，透過眼睛正面朝外看世界。我們可以看到別人的五官，和五官之間流露出來的千頭萬緒。但若不靠一個反照的鏡面，我們就無法看到自己。所以，寶鏡也是「寶鑑」，是我們藉以反映自己、了解自己，和改善自己的不二法門。《資治通鑑》、《明心寶鑑》的「鑑」字，就有「借鏡」或「借鑑」的意思，是用來完善自我的責任及能力，學懂何謂知己知彼的重要工具。

廣東人有個很有趣的說法。如果有一家人，他們的女兒長大了，到達適婚年齡，父母要選個好女婿，怎樣可以在進入談婚論嫁的階段前，清楚地看到一個男孩的品格和誠信究竟如何？民間智慧的指引，就是岳丈岳母最好和未來女婿來幾場竹戰。在麻將枱上，不由得他裝模作樣；是人是妖、是龍是蟲，從他的「牌品」中可以窺得一二。這一張麻將枱，可以說是選女婿時的一面照妖鏡。但若果他不肯下場，或者他不懂搓麻將（或死命裝著不懂的模樣），那怎樣好？我有一個想法，就是帶他去吃一趟自助餐，其實也同樣可以達到人品測試的目的。

自助餐本來是種西方的用餐形式，外文叫「buffet」，是法文詞語，意指一種下面有抽屜，上面的平面做成較一般枱面稍高，有時用作擺放多種食品給賓客選吃的家具，即英語的 sideboard。我在沒有經過詳細考究的情況下，以自己多年來的觀察及理解，歸納出一些對它的看法。我相信自助餐之所以流行，應該是因為它的用餐彈性比較大。在一些利於大眾融合，而又不適宜太過正襟危坐、煞有介事的場合中，從時間掌控和流程氣氛上看，自助餐確實提供了很大的寬鬆度。諸如婚宴、喪禮、各種不同類型的發佈會、團體聚餐、記者招待會、員工用膳等等，都十分適合以自助餐的方式，來應對活動中餐飲方面龐大而繁複的需要，令大事變小、化繁為簡。

至於「任食」和「任揀」這兩大命題，依我看來並非自助餐的正規「優點」。它們最多也只是這個飲食形式的副作用，甚或可以看成為自助餐的「缺點」和「不足」之處。自助餐沒有點餐的環節（也有主菜是以點餐形式另外奉上的，但那只可叫做「半自助餐」吧），所有給客人的食物，都放在 buffet 上，讓客人各適其適，各取所需。「各取所需」其實是這裏的重點；因為要達到各取所需而衍生出的「任揀任吃」方案，是只應該被視作這個特定模式的一種「方便」而已。

方便是顧己及人的文明概念。Buffet 上的各種食物，本來都是文明地鋪陳出來，給大家一起文明地、不慌不忙地自由選擇的。自助餐食物的製作和供應，是以一個公平地假設客人都能夠互相尊重、互相諒解，以一個受過教育、懂得成熟地為自己行為負責的「常人」來參與用餐的大前提下，小心翼翼地設計出來的。它包含了對一般大眾傾向接受的口味、飲食文化習慣和分量的考慮，也顧及各種不同營養的平衡，以及不應小看的味覺和視覺享受。這些因素合起來，便可完善一個自助餐的整體面貌。不過，這個面貌無論如何娟好，也要所有參與者的合作和體諒，才能使自助餐的經驗來得合情合理。

我去過的地方絕對不多，但也包含了歐亞美及大洋洲一些大大小小的國家和城市，也有在這些地方吃過自助餐。不知是否因為自助餐有可能源自西方世界較為成熟富饒的社會環境，令至它原來的設定，放諸社會背景及文化歷史截然不同的地方時，好些原本應被視為優點的特質，或是變了質，或是變得教人有點情何以堪。

就以我出生、成長及現時居住的城市「香港」為例，自助餐在這兒可說是個非常有趣的大觀園。作為一種外來的飲食模式，真不知道它是從甚麼時候開始引入和興起的。但可以肯定地說，直到今天，自助餐依然是香港主流大眾極為喜好的上館子選擇。作為土生土長的本地人，我有理由相信，香港人愛自助餐，泰半出於根深蒂固的貪小便宜，怕「蝕底」怕「執輸」的心態和價值觀。

自助餐形式，為客人提供用餐時間及環境氣氛上的便利；不過這些似乎都不是香港人欣賞和關心的地方。他們最沉醉，甚至可以說沉迷其中的，反而是它的另一「副作用」——任吃。任吃對於香港人來說，最吸引的並不是東西好不好吃，而是種類是不是夠多，食材是不是貴價貨。最重要的，是拿了食物後，吃了一口覺得不喜歡，甚至還沒有吃便不想再碰的話，也可以叫侍應把棄食拿走，然後當作甚麼也沒發生過一樣，再去拿東西吃。自助餐的客人，無限重複這種行為直到滿足為止，全不覺得需要為白白浪費食物而負責。因為他們大都認為，自己付了入場費就是王道，這些全都已經算在價格上面，是「包埋」的。

如果上面所說的還未夠離譜的話，那麼你到香港的自助餐場地，特別是價錢屬於中下的那些，便一定能夠體會那失常的狀態。我們養動物，會觀察到牠們為了得到食物而願意做的行為。這是動物的本能。人類雖然也是動物，但我們的思維邏輯，是應該比我們的獸性強的。在異常貧窮的社會，大部分人連兩餐溫飽也保不住，忽然遇上供應無盡的、橫陳於眼前的食物，行為失控是非常可以理解的事。但一班肚滿腸肥、營養過剩的城市人，遇到無限任吃便爭先恐後，一盤子拿走人家十多二十隻生蠔，或者像大屠殺現場一般，各式昂貴海鮮屍橫遍碟；或甚是密麻麻像俯瞰北京塞車一樣的一盤壽司，拿回自己桌上只挑起上面的魚生來吃，下面的壽司飯全部不要，只為飯粒容易填滿肚子，吃飯吃飽便不划算、便吃虧了。這些「肉酸」行徑，全都基於上述怕「蝕底」－怕「執輸」的心態。最不可思議的是，這種態度許多時是由家長灌輸給子女的，認為這樣才叫聰明、才叫「醒目」。

這樣的自助餐攻略，腰包掏了，但究竟有否享受到飲食的趣味？只是為了「唔蝕底」，一頓飯吞下五頓飯的分量，輕者消化不良，重者吃出大小健康問題，這樣花錢是否真的很划算？當食物沒有限量時，一心要吃出超過自己所付價錢等值的食量，然後得意洋洋地覺得「賺了」；賺到的是甚麼實在撲朔迷離，賠上的又可會是更可貴的個人品格和福德呢？

除了自助餐可以是一面照妖鏡外，其他日常飲食場所，也有可以捉妖的機會。例如在港式燒臘店，收銀員跟客人便常有類似對話：客人點叉燒飯，收銀員會提醒客人單點雙拼同價，問客人要否多點一樣。許多客人會為此另一選擇費煞思量，點了油雞又改口說燒鴨。最後決定點燻蹄，怎料收銀員又卻說，燻蹄雙拼是要加錢的。結果客人只好選擇不太想要的燒鴨。

叉鴨飯塵埃落定，收銀員再問客人要甚麼飲料。客人原本沒有預算要喝些甚麼的，但當知道不另收費，於是問問有甚麼選擇。收銀員拋出例湯、奶茶、檸茶、檸水、咖啡。客人想要凍咖啡，收銀的便說凍飲要加三元。客人為了不想多付，只好選不太想喝的熱咖啡。

我們就來歸納一下這頓飯：原本此君只想吃一碟簡單的叉燒飯，這是他心中早想好了的，所以他才會去燒臘飯店。他原來是個自主的消費者，因為有需要有慾求，主動到自己選定的地方，打算用金錢來換取希望擁有的東西和服務，即是那一碟簡單直接的叉燒飯。但當他遇上店家設計的消費模式時，便於電光火石間敗了給自己潛藏的市井貪念，和被中華民族文化中根深蒂固的怕蝕底情意結重重捆綁著，動彈不得卻全不自覺。如果心平氣靜地想一想，金錢的真正價值，是它可以換取我們想要的東西。要用多少金錢去換，換來的是否你真正需要和想要的東西，那是個人價值觀的問題。這位客人，是看了價錢牌後，覺得付出的銀碼是個合理的交換，因此才決定去買叉燒飯的。但最後，他卻完全違背了自己的本意。因為自幼中了「千祈唔好蝕底」的詛咒，所以當聽到同一價錢可以多選擇一款燒味和飲品時，就立刻放棄可以選擇單一款「叉燒」的自由，硬要多吃一樣，令自己成為貪慾的奴隸。

更可悲的是，原本這個新選擇某程度上啟發了他，令他知道自己如果想要吃得豐盛一點的話，心儀的選擇究竟是甚麼。可惜，當他知道豐盛變奏要額外收費時，他的理智早被之前貪小便宜的心態所蒙蔽，不能估算新價錢和新滿足感之間的價值平衡。其實，假若他願意多付差額，他是可以很滿足地吃到叉燒燶蹄飯配凍咖啡的；又或者他不想額外多付，其實亦可以高高興興要回原來打算點的叉燒飯。他的軟弱，令他不太想吃的燒鴨，佔據了本應全是叉燒的飯面。叉燒的分量少了一半之餘，還要喝不愛喝的熱咖啡。所以說到這裏，其實他是「冇蝕底」，還是「蝕晒大底」呢？一個人，如果連在這些芝麻綠豆的小事上也不能掌控好自己，在其他認真重要的大事上，試問又怎會成功呢？

之前提過選女婿的奇招，古法是竹戰見人心。但如果他不懂搓麻將，或者不願意搓的話，帶他去吃自助餐其實也是一面照妖鏡，可以照出誰是假君子，誰是真小人。除了自助餐的「任食」形式，可以誘出一個人貪小便宜的差劣本質，那完全自主的進食模式，亦容易觀察和試探出一個人的涵養。這涵養，包括對禮儀（社交及餐桌禮儀）的認知處理，以及性格上的優點和缺點。

有一件事，我百思不得其解。中國是個歷史悠久的飲食文化大國，我們早有一套完整的用餐禮儀，飯菜有既定順序，進食時長幼間亦有主次之分。當然，不同地區城市，在這幾方面的習慣會有差異。但重點是，無論怎樣不同，禮儀及程序總是存在的，也理應是我們根深蒂固的行為指引。吃中菜如是，吃西菜、日本菜、韓國菜亦然；規矩地吃，才是自然的、正經的事。

吃自助餐，雖然食物內容豐富多元，但不代表我們便要把最自然自在的飲食習慣置諸腦後。吃西餐，通常以冷盤沙拉、凍海鮮開始，然後有湯便喝湯，和吃點麵包。吃意大利菜的話，隨後便是主食麵飯的時間。不吃主食，可以馬上轉移到大魚大肉的主菜大盤，同時品嚐配菜。魚肉吃罷，稍作休息，來點乾酪伴果醬、果乾、果仁、葡萄甚麼的，再以甜點配合咖啡或茶來作結。這就是最平常的正規用餐流程。

然而，有些人在自助餐廳拿食物時，一隻碟中放了生蠔壽司，旁邊放炒飯燒牛肉，炒飯旁有些胡亂湊合的沙拉，壽司旁還有奶油蛋糕和果凍。這樣一盤子滿放著毫不相干的食物，好處是餐廳可以省點洗碗的工錢，浪費少點水和清潔劑；但如此冷熱生熟鹹甜先後不分，除了破壞飲食本身的文化面貌，令不同食物原有的味道質感難以正常發揮之外，這種汁醬混亂，教「美食」變得像廚餘一般的「醜食」，會影響其他同桌食客的胃口。

即使食客堅持「東西吃下肚子裏都是一樣大混雜」這論點，堅持把自助餐當餿水吃，也應該注意一點。除了影響外觀和食感，這種進食行為還有實際的食安風險。生蠔殼貼在炒飯和燒牛肉旁，有機會污染熟食，令人吃出病來。其實，今天許多自助餐廳不再供應生蠔，原因是食客覺得「東西吃下肚子裏都是一樣大混雜」，之後胡亂吃出健康問題，便反過來投訴餐廳。餐廳有理說不清，只好把生蠔拿掉。

自助餐這玩意兒，確實是任你吃個夠的。但客人又何須因此而要特別吃得多、吃得兇、吃得口沒遮攔呢？如果你的未來女婿平日一表人才，但在自助餐桌上卻不自覺地原形畢露，變回一頭貪得無厭、不顧廉恥的豬，那為了女兒的終生幸福，最好還是跟她好好的談談吧。

食粹知味

網絡食評之禍

我很明白，在今天的社會，講原則是一種姿態多於實際的行為。無他，當大部分人天天都在經歷資訊海嘯，當一天前的消息已經是舊聞，當成名一分鐘也是傳奇的時候，究竟甚麼東西值得大家去珍重，已經變得極為難以捉摸。加上每一個擁有資訊科技產品的人，都可以在社交平台上，活出一個或以上的虛擬生命，發出斷章取義的言論、以偏概全的照片，和濫情失實的感觸，「講一套做一套」從此不但變得便利非常，更差不多可以成為成功的雙面生活新哲學。試問在這樣的環境下，原則又怎可能會被人重視呢？

也不知道是不是因為大勢所趨，從不久前開始，「我覺得」、「我認為」、「我相信」等等陳述，彷彿在不知不覺間變得很重要。這種重要性不一定是不好的，但卻大都虛無飄渺。慢慢地，當這些「我」的設定，和經過歷史考驗的固有思維原則不能同步時，「我」就可能要以強勢來壓倒一切，變得合理地任性，因為只要在這一刻能自圓其說，就已經是王道。當按一下 like 可以等於是認同一種立場，等於是一個思想和聲音時，誰管你明天是否依然故「我」？

我其實已經不算是個很敏感的人。上面的一些觀察，不是由我自己發掘出來的。因為有寫作飲食文化文章的機遇，令我從中學習到很多事情。這些事情，從前我縱然偶有輕輕的思考過，但卻沒有意志力去歸納出任何說法。當身邊的新知舊雨得悉我這副業後，一向都說話投機的一群，漸漸喜歡跟我討論有關他們日常生活中遇到的在飯桌上的眾生相。

在他們和我聊過的內容中，除了甚麼東西好吃不好吃之外，最咬牙切齒的，都是其他人在飲食習慣和態度上，所表現出來的個人性格缺陷。記得在我成長的年代，偏吃的人在外面吃飯是不會得到照顧的。別說偏吃，就算連食物過敏也沒有特別被關注。不能吃蝦的，只有自己小心；不幸吃到了，也只能怪自己大意。哪有好像今天這樣，有餐廳會提醒你闡明食物過敏的情況。一旦吃錯了東西，客人還有不少途徑去發難，而不管誰對誰錯，很多時候都可以因發難而得到餐廳付出金錢或物質上的補償。從一個角度看，這現象畢竟是服務業的一種改進和更新，是一件好事。但從另一角度看，只求盲目地討好客人，或者怕被客人在社交媒體上攻擊，因而不管錯對一律賠償了事，這不但對飲食道德和文化有負面影響，伸延到其他範疇上，更是助長消費者霸權的惡性營養。

在當今世界最重要的範疇——消費市場，香港這小城，可說是猶如一個「惡人谷」。谷中千千萬萬的惡人，不是會耍脾氣的大廚，不是千金難求的洗碗工友，更不是黑口黑面的收銀員。在「惡」這課題之上，他們絕對不及今時今日的客人。

做成這個局面，原因固然是一言難盡，但肯定和「顧客永遠是對的」這個醒目的經營理念一脈相承。顧客又怎可能永遠是對的呢？事實上，我敢說大部分情況之下，顧客都是錯的。他們並不是錯在心術不正，或者偷呃拐騙這等大是大非的層次之上。許多時，他們是錯在無知。也不是單純地說，餐廳便永遠是對的，因為這也不是甚麼對錯二元對立的死局。而是說，在實際情況下，餐飲業者們對飲食方面的經驗和知識，就一定比絕大多數客人要掌握得多且準。有專業廚師在餐廳廚房裏工作，比有專業客人在餐廳光顧的機率，必然不知要高上千百倍。

再說專業。大家可能會覺得，既然人人天生有張嘴，從小到大每天都在吃喝不斷，就算不是專業食客，也不會對飲食一無所知吧。就此，不如我們用音樂來舉個例子。有耳朵的，生活在好像香港這種現代都市的，從小到大都會被動或者主動地聽音樂。但聽音樂，是不能把你變成專業樂手的。你必須花大量時間和精神去練習，由基本的技巧開始循序漸進，才能領悟悅耳的音樂為何悅耳，拿捏有關音韻的藝術美學。如果要去評論音樂，同樣也得花大量時間和精神去鑽研和思考，才能充分理解這個課題，然後學習一套語言文字，把不能言喻的感覺用筆墨記錄下來。懂得如何記錄了，之後慢慢才會知道怎樣去評論。只有這樣，評論才會有根基和有建設性，才不致流於沒有基礎、不知就裏的意見發表。因為說到底，畢竟我又不是你，縱使你是名人，但若在這範疇上你缺少了專業性和客觀性，那為何你個人的感覺和情緒，要變成我的參考指標呢？當然，如果只是欣賞音樂，那便和欣賞美食的情況相若，都是一種生活方式，是有關個人感受和修養的問題。

又回過來談惡形惡相。我自己觀察到，一般的港產「惡客」，多數憑自我喜好來作絕對標準。極端點來說，有時候不一定是貨不對辦；餐廳太高級，菜做得太仔細，口味太正宗，亦隨時會被吃慣商業化假味的食客嫌棄。你一定覺得怎會有人嫌東西太好的呢？但事實上，這種情況屢見不鮮。本來不喜歡吃，下次不要再來吃便好了。但當信奉「個人分享」就是存在證據的社交平台新世代，透過科技把無須負責的個人感受公諸同好之時，一不小心同時公諸於世，這個意見便不再只是與人無尤的私生活了。

老實說，我一直以來都沒膽量去評論別人的飲食出品。我夠膽說三道四的，都只是現象和情形。這當然是明哲保身的滑頭技倆；但同時，也因為在今天社交網絡世界的意見風暴之中，甚麼是評論，甚麼是批評，甚至連背後目的耐人尋味的惡言中傷，以及全因個人自卑感作祟的情緒發洩，也可被視作正規的「意見」甚或是「評論」來看待時，我真不知一介老實寫字人，該如何去對一道菜作出最簡單最直接的描述，如何在字裏行間留下虛白，好讓讀者去思考、判斷和感受。

憑我個人片面而膚淺的觀察，最常看見的一些隱身留言類型「食評」，都喜歡以純個人喜好來判定一家店的死活。譬如說，某某平台上的「食評」紅人，他（還是她、他們／她們，甚至是牠、祂或它，我們無從得知）本身不愛甜品，討厭甜味，又或者他願意讓別人相信他不愛吃甜。於是但凡遇上淡而無味的甜品時，他便大力褒揚，說這甜品如何如何的好。假如他有事先聲明他本身討厭甜味的話，那讀他大作的人，還來得及過濾一下主觀的評論描述。若果他連表明心跡也嫌老舊而不屑，覺得紅人口味你沒理由不知，更沒理由不信，那麼受他的文字獄牽連的店子，無論是被褒還是被貶，也再不可能在如此錯誤不公的資訊汪洋中獨善其身，只好同流合污。在這個惡性循環中，不但其他客人長遠的選擇權受到限制，更可能令「食客民粹主義」抬頭，店家從此失去對飲食理念的堅持，令飲食文化發展偏頗不正，甚至乎停滯沒落。

然而，以上所言，我不得不承認是說得語帶誇張的。當中的假設以至論點，都有過份大膽之嫌。而且我也得自我反省，是否因為得不到在網絡世界上的權力，是否因為拚命爭取、苦苦經營，結果也不及別人 like 的數量多，所以才有這種內裏一派酸溜溜的義正辭嚴呢？當然，無論答案是正是反，說了的話就是潑出去的水，覆水難收是連小孩也懂的顯淺道理。所以對於要講一些甚麼，發表一些甚麼的人，用另一個名字另一個身份，在表面上好像有多一點方便；說錯話，也只關乎那網名的身份責任，與真身無尤。萬一出了亂子，最多把那個假人消滅，從此不再以此名字發表言論，改個新網名即時重生。還可用新名發言，痛斥舊名的前非，劃清界線，填補破綻，不用等十八年，十八分鐘後便又是一條好漢。

這個現象，已經革命性地改變了餐廳的生存環境。起碼在香港，我們會看到不少餐廳都在鼓勵客人上傳吃飯的照片，或在有關飲食的社交平台上加讚。有些地方甚至會給客人折扣或者免費食物，只要你吃飯時在網上「打卡」便成。表面上，這是追得上時代脈搏的和更直接了當的宣傳方法，代替了傳統的廣告，是與專業飲食記者和評論作家們的互動關係模式。實際上，這種消費者民粹主義，正在不知不覺地埋沒餐飲服務的專業性，令一個店子的成敗，全數取決於一大堆不知底蘊的人對店內食品和服務所作的評價。這些基本上不記名、隨便隨意且沒有責任的言論，它們相互之間不但沒有一個共同的標準可作依循，亦欠缺所謂大眾傳播媒介的道德規範，更遑論當中不理智的個人情感因素。拿來作為參考未可厚非，但變成了一種操生殺大權的文字獄，就未免太過偏頗，亦長遠地打擊餐飲從業者們的自強動力，更有可能扼殺飲食文化的創意發展。

今天，我們十分容易就可以在網上，看到一個素未謀面的人，把自己今天吃過的一樣東西拍了下來，上載到社交網絡，然後加上「美味」等字眼作為註腳。看了而堅信的人，會說這照片是寫實照，沒有打燈沒有美指，寫字的人也是普羅大眾，不專業所以真實可靠。抱持懷疑態度的，會說這位仁兄或仁姐的味蕾，為甚麼會是我覓食尋歡的依歸呢？為何連店主和廚師都要相信並降服於他們的選擇之下呢？我自問心態上屬於後者，只是公說公有理，婆說婆有理。在言論自由的社會，一切到了最後，其實都是取決於店主想要些甚麼樣的顧客，和食客想要一個甚麼樣的餐飲世界。而大前提是，我們都先要確實認清我們想要的是甚麼，而這種認知能力，肯定是需要有知識和經驗，加上反覆努力的思考過程，才能夠達成的。

飲食霸權

尊重他人、尊重自己

幾天之前，我到一家粵菜餐廳，好像平常一樣的一桌子人，歡樂地吃了一頓豐盛但平實的安樂飯。其中一道菜是乳鴿，每人一隻，而且是全體原隻，沒有切件的有頭有尾、腿翼雙存。這樣每個人面前各自擁有一整隻鳥，興高采烈的光景，當中不得不承認是有種原始的滿足感的，有如獵人捕獲獵物，保持原體直到享用獵物的一刻，才近乎儀式性地把它分體拆解一樣。因為把小心烹調好的原隻獵物切開的一刻，很有象徵收成的意義。情形有若今天許多開工揭幕或者喜慶宴會，都例必有一整頭燒豬或者乳豬參花掛紅的躺在那裏，主角人物在眾目睽睽之下，拿著斬骨刀從頭到尾、由皮到肉解開那頭豬，然後大家鼓掌起哄，是為大吉。這裏甚至有涉及宗教文化的民間習俗在其中，那頭完整的燒豬，其實大可看成為祭品。而儀式本身，也著實包含了敬謝天地、祈求保佑的心意。

這種祭禮的文化，也不只是華人獨有。奉獻牲口是不少民族古老的俗例；逾越節的羔羊、感恩節的火雞、清真婚宴上的烤全羊，這些都是一直留存到今天，還在民間奉行的禮節。其實我個人覺得，今天我們切生日餅的整個舉動，也是大同小異。那個完好無缺的蛋糕，它存在的唯一意義，就是在於壽星君把它上面的蠟燭吹熄後，提起刀來痛快地切下去的剎那。只不過，蛋糕不是生物，是人造的貢禮，可以做得要多可愛有多可愛。這樣「橫刀割愛」的時候，大家便好像不會有皮肉分裂的那種血腥聯想。

回到那一隻乳鴿。我那天拿到的，是其中最小的一隻。把牠坐放在我面前的小盤上，牠頭向下垂，嘴張開，形態就是你在任何一家燒臘店看到的，任何一隻烤熟了準備成為人類盤中美饌的那個模樣。我把面前這隻小鳥的特寫用手機拍下，回家後把照片發到自己的社交媒體平台上。然後，反應很快就來了。也不全然是意料之外的事，只是我發照時並沒有考量過甚麼而已。首先是，有表示看樣子有點叫人不忍心；然後開始是隱喻這個菜的殘暴無情；繼而是抨擊拍攝者的人格。就是這樣，我也沒有作出任何回應，只是考慮片刻，便毅然把相片拿走。

這件事令我想起許多年前，我還在加拿大生活時，有一次和一群完全不相熟的人，一起去了一家類似唐餐館的地方吃飯，好像是為了慶祝其中一位其實我一點也不熟絡的朋友的生日。吃唐餐是這位仁兄的主意，而在席的只有我一個是中國人。菜來了，其中一道竟然是蒸原條的魚。這尾魚一端上來，其中一位白人女士馬上露出對此極為厭惡的嘴臉，怨聲從她口中毫不客氣地直吐出來，亦全然沒有考量自己的言詞可會掃人家的興。她不停地說受不了的，是因為覺得魚的眼睛在看著她，令她十分不安。其實禮貌地表示不吃便成，大家亦絕對會尊重文化差異所引起的問題，尤其在加拿大這以移民立國，文化多元的社會，這種事簡直是司空見慣。但她卻偏要不停吵嚷，大發偉論說這種烹調和裝盤方式如何噁心。終於我忍不住對她說：「你平時吃文明的西方美食，吃沒皮沒骨無頭無尾的魚肉時，也不就是一樣在吃一尾魚的屍體，其實有沒有頭根本沒有分別。」

我們天生有同情心，有同理心，這我自己是相信的。當我們看到別人受苦時，我們自然會覺得難過。就算那不是人，而是其他生命，我們也會有同樣的反應。就好像在網路上看到廣西玉林狗肉節，那大量殺狗的場面，生剝狗皮、活燒狗毛等強烈影像，的確令許多人對這種行為極之反感，也支持停辦這個血淋淋的活動。但看過這些慘況，在網路上留過言，簽過電子聯署後，可能下班後還是會去吃那些一生被困在狹小籠中，受盡折磨而死的炸雞，又或者去吃從小被迫服用各種化學藥物，畸形成長而最後遭電擊極刑的炆豬肉。

不願相信和面對真相，是我們人類千千萬萬種軟弱無能的其中之一。先就是醜化天然的生死循環，然後倒轉過來美化現實世界的殘酷，把自己推上道德高地，好方便居高臨下、目中無人。尤其在今天的現代化生活中，我們再不用親自捕魚打獵，再不用親身體會大自然的弱肉強食，再不用親手了結一隻動物的生命，可以好像甚麼事情也沒有發生過一樣，痛快地大魚大肉。然後食客稍一不慎，看到那頭正在吃的，已經被奪去靈魂的動物的頭顱和眼睛時，沒有勇氣面對之餘，還要怪責埋怨下廚的沒有一路保護他的自欺欺人，這是何等愚昧和自私的思想行為呢？難道吃飯只要付了錢，把殺戮生命的過程假手於人，自己手不沾血就可以免卻一切責任嗎？

我不知也不敢斷言，說這種心態反映我們現今文明社會的甚麼毛病。但看見美女美男在電視上推銷慘被剁成肉糜，再烤煮得不似牛形的牛肉漢堡，卻沒有人會說這是種殘忍的殺害動物行為。大家想到的，只是美男美女口中那一啖漢堡包怎樣好味道，怎樣教人吃得身心滿足而已。至於那塊圓圓的肉餅，在美學上甚至是外形勻稱、乾淨、可愛。這都是人類在面對心裏的原始獸性慾念時，試圖美化屠牛割肉、殺生獵食這血腥行徑的自騙術。

漢堡牛肉如是，就算是半生不熟，用刀在盤子上切開來還會流血的牛排，社交媒體美食家把它拍得油亮殷紅，看官也只有垂涎，沒有為生靈塗炭而抗議。我們人類不是自命萬物之靈嗎？為何愚昧到非要看到血淋淋的牛屍橫陳，才能記起自己正在參與一場殺生之禍？為何看到牛肉變成漢堡後，沒有了「兇殘」的、教人於心不忍的賣相，便自動把「兇殘」的事實拋諸腦後呢？

吃，是一種慾求、一種慾念，跟我們身心的其他需求，如性愛、睡眠、排洩等等，都是最為自然的事。我們宰殺鳥獸蟲魚作為食物，也是悠久的歷史事實。所以，當我一天還在吃肉，就不會投訴禽畜連頭帶尾煮熟上枱是殘忍不雅，更不會因為菜式是乳豬乳鴿，就硬把人類的脆弱情感加諸動物身上。如果我還在天天吃肉，而又覺得吃可愛的雛鳥幼獸心裏不忍，那我其實憑甚麼去說不忍呢？這都只是一派狗屁不通的無知與偽善。真心不忍的話，便應該身體力行，餘生吃素；做不到的話，就請別擺出一副貓哭老鼠的假慈悲。

另一例子：當我們喝咖啡時，我們或許不理會或者不知道，因為咖啡可以圖大利，種咖啡豆的農民會因此而被商人利用和剝削，令我們間接成為迫害者的幫兇。最荒謬的，是喝咖啡根本就不是必須的，不喝對一個人的生理狀況絕對沒有任何不良的影響。喝咖啡只是種生活文化，近代再被商品化，與優越的西方生活模式掛鈎。賣咖啡的令大家相信，早上上班手中拿著一大杯外賣拿鐵，你便跟紐約大都會的上班族一樣優越了。君不見我城在過去十來年，喝咖啡的人口在以倍數增加嗎？我相信當中大部分人，對咖啡的認識都很缺乏，甚至不是真的愛喝它。喝的原因，只是這行為令人感覺自己跟最平庸、最安全的普遍社會價值觀融合，令人相信自己是群體的一份子，沒有脫節，被捕風捉影的「安全感」包圍著。

有一次我和一個交心的食友，談到大眾在飲食生活上的荒謬行為，大家不約而同指出一樣近年頗為常見的現象。內臟變成熱門「不吃之物」，是近代的事。在長輩們的年代，兵荒馬亂、糧水不足，根本沒有揀飲擇食的條件。別說內臟，當你幾天沒一粒米下肚，遇上甚麼可以吃的東西你都會吃。今天的現代人，說是健康理由也好，衛生理由亦好，其實更多是出於不是理由的心理因素而厭惡內臟。其實不吃內臟沒有甚麼大不了，但教我和友人嘖嘖稱奇的，是許多高調忌食內臟，連聽到甚麼豬粉腸、牛肚、雞胗，都要擺出一副討厭得想吐的樣子的人，當遇上 foie gras 時，又會喜孜孜地照吃無誤。難道 foie gras（鴨肝／鵝肝）就不是內臟？難道用了個法文名字，換了個模樣和煮法，它就馬上變得與我們的豬肝雞肝的身份地位不同？當嫌棄傳統豬膶燒賣不健康之時，為何同樣是內臟，同樣多油無益的 foie gras 放在燒賣上，價格也同時抬高了，卻就沒有人指手畫腳？

我不敢斷言這是媚外，但肯定是雙重標準。別說那些「foie gras 好吃點」的廢話，好吃與否何其主觀？我個人便沒有覺得 foie gras 跟豬膶雞胗誰比誰強。說到底，那是喜好問題。是喜好問題，便不要拿出令人看起來沒那麼刁蠻任性的健康理由來作幌子。前人吃內臟，本來是不浪費資源，把任何食材都用心處理的美德。今天我們這樣厚此薄彼，雖不是甚麼大奸大惡，但見微知著，這也許是為何現今世界如此扭曲墮落的一點啟示。

味爭

相機先吃

吃東西，究竟是否一種藝術呢？

飲食是文化、是藝術這種說法，在今天的社會環境下，可以解讀的角度和意義，其實已經甚為繁複和扭曲。自茹毛飲血的洪荒年代起，飲食一直是人類作為生物物種之一，跟其他所有地球上的生命體一樣，無時無刻都在處理和關注的一件事。吃，就是推動我們不斷向前的最原始動力。若果不是為了覓食，不是一心想要填飽肚子的話，我們很有可能根本就不會進化成今天的現代人，也不會發展出如此跟自然生態環境失衡的現代化社會，和跟我們身心福祉背道而馳的都市生活文化。

把飲食歸為藝術，一直是不少深愛此道者的信念。這信念，起碼源自還視藝術為人文素養的重要組成部分，對藝術敬畏而且尊重的年代。但當消費變成了人類生存的新目標後，一切有可能商品化的事物，都或遲或早會被消費主導模式所吞併，成為巨大經濟機器運行時的一枚齒輪。這機器是靠著人類天生進取的個性而被發明，但卻給人類可恥的貪婪本質所敗壞，然後失控至倒行逆施，開始回過頭來噬人，還順道為全球生態環境帶來史無前例的危機。

要去追查這是誰之過，我們可要從千絲萬縷的歷史事件、涉事人物，甚至從不斷在轉變的社會意識形態中尋找答案。這看起來似乎是學者們的專長；但作為美食愛好者，如何把持心裏對飲食就是藝術的信念，不被日益商品化、話題化的風潮所迷惑，也實在不是容易的事。最近，我剛剛讀到一位資深的本地飲食圈中人在面書的隨想發文。文中的重點，有慨嘆今天社交網絡愈來愈流行膚淺的即食資訊，沒有人再會願意花時間去看文字，去咀嚼食評人對一次飲食體驗的細節分析和闡述。他笑言，從前自己只寫字不寫真，因為根本就不懂如何駕馭一部照相機。如今，他已經拍得一手好相片，依我看他的作品和所用的器材，已經不是業餘玩家們的水平了。從好的方向看來，這是一個讓他親切地接觸食物攝影的契機；但悲哀的是，本來喜歡用文字表達己見的他，因為讀者的習慣和水平問題，逼令他走出了一條提著鏡頭四出獵食的血路。

其實，食物攝影當然可以是一種藝術。就如在西洋繪畫史中，自十四世紀文藝復興時期起，無數風格不同，以食材、食物、食相為題的畫作，都是一種現實的反映和批判，也是藝術家們對所處時代的見證。而飲食照片同樣有這個功能和使命，只是今天的媒體和網絡，不論內容提供者與一般受眾，都只是不停地在貪圖畫像中那一點兒引發人類醜惡貪慾的誘餌。

我是個完全不善於宣傳自己的愚者，也甚少在文字言語間有意無意自誇一番。這絕非因為本人謙虛，卻是因為性格不好，為人總是不老實，說話諸多計算而已（其實無意的自誇可能還是有的，只是說時自己也懵然）。但當談到食物攝影，或者正確點說，是「相機先吃」這個今日舉世風行的習俗，就請容我自誇一次，因為我相信我真的是這方面的先行者之一。如果大家跟我年齡相若，應該有份見證數碼相機面世和普及的過程。在膠卷拍攝的年代，每按下一次快門，都是一個電光火石之間深思熟慮的決定。因為膠卷的格數有限，每拍一幀都是錢不在話下，膠卷拍完了，沒有多帶幾卷的話，也便無法再拍下去。

當數碼相機出現，它的幾項革命性優點，令我們的生活從此變得不一樣。沒有了膠卷的數量限制，又可即時看到拍攝效果，加上無須沖印，自己在電腦上簡單地調光調色，便可直接在網上與朋友甚至陌生人分享，這些都令大家的拍攝慾和拍攝主題對象大為改變。拍攝這回事從此變得隨隨便便，可以在任何時候任何地方發生。

我也是因為數碼相機的出現，而開始養成拍攝食物這個習慣的。蘋果電腦在一九九四年推出他們的第一台數碼相機「Apple QuickTake 100」，不久之後再推出 150 型號，兩款都是跟柯達公司合作的。之後的 QuickTake 200 便改為跟富士合作，外型設計也變得很不一樣，比之前更像一部輕便的普及型全自動相機。於是，我便決定買下了我人生中第一部數碼相機。而在我購入了 QuickTake 200 之後，沒多久蘋果便放棄了他們的數碼相機項目。所以，我的 QuickTake 200 可以說是件末代產品。它陪伴著我，在上世紀末的幾年間，拍下了不少解像度很低但紀念價值很高的相片，當中包括不少食物的寫真。這些相片，今天還有留在我的電腦裏面。

其實都只不過是不到二十年前的事，但那時候和今日真是大大不同。還記得最初我在餐廳拍食物，經常都會遇到旁桌客人奇異的眼光。有的是出於好奇，不明白這傢伙把相機鏡頭對準自己面前的食物是在幹甚麼。也有一些是帶有厭惡性的，就是看不順眼我在做著一些一般人不會做的事，明顯視我為怪痴一名，帶著鄙視的目光直射到我的臉上來，毫不客氣。

那時候，餐廳也還沒有表明不准攝影的。我還記得，有一次自己一個人到慕名已久的

「Tetsuya's」吃飯；一個人去這種餐廳已經夠怪的，還每道菜都拿著相機拍了又拍，連麵包黃油也不放過。友善的侍應小姐見狀，以為我想拍自己，還好心腸地提出替我拍一張。我婉拒並解釋，其實我不是想拍在此著名餐廳的到此一遊照，而是真的想拍拍菜餚。她當時顯然不明白我在搞甚麼鬼，只報以微笑然後再不作打擾。

相機先吃這回事，本來是我們希望用具象的方式，留下美好回憶之餘，亦能和其他人分享的一種善良意圖。從前的飲食資訊，也不是絕對沒有圖片的，起碼在照相機普及了以後一直到現在，印刷媒體都有把菜餚的影像刊登出來，給讀者們沒香沒味也有色的一種交代。不過，深入的飲食資訊，依然是以文字為主。後來，影片逐漸流行，電視廣播也開始了，並衍生出飲食節目這個新玩意。

以上談及的，都是各種專業人員們努力經營過後，透過有組織且負責任地面向公眾的媒介發表，成為躍然紙上和熒幕上的作品。我稱之為「作品」，因為在製作過程中，無不牽涉美學和技術上的考量。埋首筆耕的固然要精煉文字，拍攝的無論影片硬照，都要憑學識經驗來作出視點角度的選擇。編採的導演的，更要綜合不同媒介，先有清晰的形態和方向，才能與不同範疇的創作人員，共同把作品完成過來。在過程中，還有不少反覆思考與調整改動。這些程序和當中所含的學術、技術、美術成份，跟藝術創作其實沒有兩樣，只不過主題局限於食物而已。

然而，是否真的就只局限於食物呢？認真的飲食文章、食物攝影乃至飲食節目，都不會脫離飲食背後豐富的人文地理因素。這些都是我們生活文化的重要部分，是對某一個時代社會大眾的思想信念的反映，好應該認真看待。就好像我現在提到有關相機先吃的現象，也可粗疏地當作一種記錄。加上我自己的觀察和觀點後，無論水平如何，起碼都起了一個題目。再往前一步，能引起注意及討論便更好。哪怕最後證明我寫的全是垃圾，大家都已經從討論辯證中，學多一點點，也進步多一點點。

回到最初談起相機先吃的那個課題。「拍下自己所吃過的（或沒有吃過只是拍過的），然後在網上發表」，當這變成了風氣，愈來愈多人瀏覽這些相片時，名和利很快便隨之而來。有些人拍的照片特別受歡迎，開始有一班人追隨，漸漸形成群組。不同風格不同取態的照片，會引來不同的追隨者群體。這些群體可說是被這一個拍照人領導著，啟發著他們對品味的追求和確立。這就是當下正在發生的情況；情況不只發生在飲食文化上，更遍及各個範疇，而且是前所未見的。

這情況和紙媒急速沒落的現象，有著糾纏不清的關係。但我想提出的是，飲食文字和食物照片這兩種資訊，最大的分別在於文字表達的是思路，閱讀者也在動腦筋思考；照片主要刺激人的感覺情緒，遠離客觀清醒，因此很容易被今天無孔不入的消費文化利用。因為消費就是不要談理智，只談滿足慾望，甚至藉此來逃避現實。

今天無處不在，且特別強大地寄居於大家手提電話內的社交媒體網絡，可以說是衍生「炫耀消費」這種文化的催化因子。先來的是自拍——別以為自拍只是自戀傾向的症狀，當自拍在社交平台上成為了風潮，每一張自拍照，都是一個商品化的實驗。商品就是自己的「顏值」，價值是按讚的數目，收入就當然是虛榮。只有極少數冷靜抽離地玩這遊戲的人，能真正成功把自己變成一件「商品」甚或「品牌」，而且可以從中得到實質的收入。其他絕大部分是他也是你和我，都只是在迷糊地浪費時間，為了那多一個不多、少一個不少的讚忐忑不定，終日沉溺於狹小得可憐的自我感覺之內。

不露臉的，在「炫耀消費」方面並不一定更清醒。就以拍食物為例，一幀又一幀濕滑油亮的「食慾情色圖」（food porn），原意可能是為了記錄生活，可能是與親友分享自己的經歷。但當媒介平台忽然變得公開，變得人人都是自己的宣傳公關主任時，在瞄準菜式按下拍照鍵時，心裏想著的是如何用這個可能誘人的美食影像，去勾引認識和不認識的人，然後從他們對這些美食殘像的關注，來確立自己的生活價值。慢慢地，為了得到更多人讚好，爭相到名氣高企的地方吃飯變成攻略。吃了甚麼變得不太重要，只要拍下食物、顯示坐標位置及餐廳大名，就是功德圓滿。這對做菜的專業人士來說，可以說是愛恨交織的無奈；對於飲食文化的發展，也是好壞難料的矛盾。

即使把食這回事認真看待的人，甚至視之為工作事務的，也很難逃離這個魔障。也有要求自己一定要去過哪些話題食店，所謂「集郵」一樣的，把一個清單上的名氣場都趕盡殺絕了，才能在同儕中昂首挺立，理直氣壯。當然，這其中絕對不乏認真思考、仔細記錄的美食家，純粹而坦然地感受一頓飯所散發的奇妙力量，然後以文字和圖像表達抒發。只是，會願意去接觸這種資訊的人，愈來愈比只看圖片不擅思考的人要少很多很多。

我並不是旨在一概而論，只是嘗試舉一反三。我自己也不過是云云普羅食眾的其中一員，同樣地在這個資訊海嘯的年代中迷失方向，在思考著社會的急速變化的同時，亦時刻不自覺地貪圖即食文化的方便。也許這是時勢所趨；也許這是人的惰性和劣根性的反映；也許這是我們對令人窒息的現實的消極應對態度。

香積素齋

無肉革命面面觀

香積廚

某年，我隨香港藝團「進念．二十面體」參加台北藝術節的演出。那次共演了兩個截然不同的劇目；其中一個的主題，跟一部龐大的佛教經典有密切關係。我們那趟被安排入住的酒店，大堂一側有個書店茶室，由台灣一佛教慈善團體營運，賣佛教書籍精品和方便素食製品。其中有個叫「香積飯」的包裝免煮米飯產品，我見了感興趣，便買了些帶回香港。其實，有這類產品推出市場，就算在台灣這較為習慣尊重素食文化的社會，也不得不說，這雖然是種技術上的進步和生活上的方便，卻同時也反映出茹素者日常飲食上的重重困難，常要自備即食素品，才能安心解決一日三餐的基本需要。

去年秋夏之間，因為某個原因，我奉行了一個多月的齋戒期，親身證實了主流社會對素食者，乃至一切基於不同原因（特別是因為健康，或因為不同宗教信仰，如佛教、回教、印度教、猶太教等等）而嚴守飲食戒律的小眾食客所表現出來的不認識、不體諒和不尊重。在香港，飲食業不但發展蓬勃，更依附財雄勢大的澳門，近年愈來愈積極於國際美食舞台上出風頭。然而，我們市面上絕大部分食肆，在菜譜設計上，彷彿全不當有素食者存在。其實，在中國傳統文化和生活習慣上，素食向來都普遍而且普及；釋道兩教出家人、在家人行守齋戒，老百姓每逢初一十五茹素積德，乃至貴為天子歲歲祭祀祈福，全都是中華文化根深蒂固的風俗民情。

但實際上，走進一家平常香港食肆，絕大多數都不會找到素食菜單。問侍應，也只得到無奈提供青菜一碟白飯一碗的淒涼境況。而且更是愈窮愈見鬼；愈經濟便宜的餐廳，愈難見到有素食的選擇。我當然理解這箇中原因，跟商業世界的弱肉強食，令經營條件變得愈來愈困難不無關係。而這直接間接地使社會上非主流的一群備受忽略的涼薄現實，究竟是文明進步的代價，還是人性尊嚴的倒退，委實是我們大家應該要去正視的議題。

中華素食無論作為一種飲食次文化、一種個人生活方式的選擇，抑或是一種宗教哲學上的概念，都是個有頗為長久歷史的完整系統。當中國還沒有確切地發展出宗教性素食的時代，農業社會的平民百姓，日常生活根本就是以蔬菜穀物為主，很少吃肉。吃肉，只是少數富裕人家的玩意兒。可能因為這個歷史現實，吃素也有生活清貧簡單的意味，肉食相對便有點不應份，甚至有腐敗的聯想。無論這想法公正與否，自古以來歸園田居的隱士，那清高情操也包括了清茶淡飯、自給自足的樸素。不沾半點腥葷的飲食方式，有如代表著心境上和操守上的與世無爭、道貌岸然。而這些，跟宗教信仰幾乎都沒有甚麼直接關係。

如果要引經據典，只要上網隨便找找，不難讀到初唐訓詁學家顏師古的著作《匡謬正俗》卷三中對素食的定義：「案素食謂但食菜果糗餌之屬。無酒肉也。」顏氏書中提到素食，是喪事中的禮儀之事，跟今日民間一般非宗教素食原因類近，亦可能因此才有後來的闡述：「今俗謂桑門齋食為素食。蓋古之遺語焉。」只不過，中華素食文化，的確是因為漢傳佛教的興起而得以鞏固起來，漸漸成為自成一格的完整體系。

佛門灶房內的司廚叫「香積廚」。這個名詞，我在當年看到包裝即食「香積米」時還未懂，不諳名字中蘊藏的文化修養，也枉費自幼便有接觸素食齋菜的因緣。不過，香港雖然一向都不乏齋菜館，但絕大部分都是因循守舊、食味敷衍，對守齋的人沒有甚麼良心與尊重，只著眼於生意收入。直到十多年前，才慢慢地開始有人專心經營素食，打破吃齋是吃油膩味精麵筋炸物的常規僵局。記得當年其中一處先驅，是半山麥當勞道的「心齋」。那裏巧用魔芋，引入川菜技術，開展週末粵式點心及晚市麻辣火鍋，令中式素食頓見一番新氣象。

在談論有關素食的課題時，我時常有一個文字上的疑團：廣州話慣用「食齋」來指戒絕殺生、不吃魚肉的飲食方式；但現代國語，都會用「吃素」來形容同一件事。究竟「齋」和「素」是否同指以植物為本而全無肉食的餐點，還是他們兩者其實有所分別？

這個問題原來不容易找到可認證的答案。當然，兩者可能根本沒有不同，不過因地方風俗習慣各異，在叫法上有所不一而已。至於先前提過，初唐訓詁學家顏師古的著作《匡謬正俗》那引文，其中有一句：「今俗謂桑門齋食為素食。蓋古之遺語焉。」那是否也可以理解為「素食是齋食的俗稱；而齋食實為宗教性的飲食戒律」？那相信是蠻有討論空間的。

無肉無求品自高

不知由何時起，現代都市人開始篤信「不吃肉不行」這個飲食概念。其實不得不吃某樣東西這想法，絕大多數時間都跟那樣食物沒有太直接的關係。同樣情況，也在不吃某些東西的想法中存在著。即是說，有些人終生覺得自己不吃米飯不行，但其實身體功能和消化系統並不會因為不吃米飯而壞掉，更不會因為改吃其他澱粉質的食品而帶來生命危險。同樣有些人不吃某種食材，如田雞、馬肉、昆蟲等等可能叫某些人倒胃口的東西，但吃了下去就算有不舒服，也可能只是心理作用，實際上那些食物根本不會令身體有不良反應。這個「不能不吃」和「不能夠吃」，其實跟文化習慣，跟心理因素，跟同儕壓力的關係要密切得多。

我們的思想，是閉鎖著我們真正自由的最大元兇。我們自覺與不自覺地給自己設下的好些限制，太多時候都只是源自不切實的動機和需要。我們覺得自己不能夠做的東西，許多都有無數其他人在做著，而且做了之後也沒有出現世界末日。最簡單而常見的例子，莫過於今天現代人的飲食習慣。當狂吃亂吃之後身體出現問題，當醫生也說服你要避免吃某些食物和多吃另外一些食品時，你情感上卻會認為這是不可行的事。

「怎麼可以吃得味道那麼淡，放得那麼少鹽？怎可能吃麥皮這種如此不人道地難以下嚥的早餐？喝咖啡怎可能不放砂糖？吃吐司怎能不塗黃油果醬？看電影怎能不吃爆米花？看電視怎能不吃薯片？吃漢堡怎可以不喝可樂？吃炸雞怎可能不吃雞皮？吃西多士怎能不放糖漿？……」以上這個列項，可以無限地延伸下去。裏面講的所有東西都是事實，但都沒有對錯。因為對與錯不只是有關個別項目的屬性，更和一個人整體上的生活習慣和方式，或確切地說，跟生活的態度和對生命中不同事物的取捨，有著莫大的聯繫。

比方說，「糖」和「脂肪」是食物中很重要的成份。它們本身沒有善惡的本性，不會如烈性毒藥一般只會為身體帶來一面倒的壞處。但若果我是個懶惰的人，完全不做運動，連行路也嫌辛苦，天天坐著吃糖和吃脂肪含量高的東西，我當然會有吃壞身子的惡果。假使我是個運動員，或者從事體力勞動工作，那些吃下去的糖份和油份，能有效地自然消耗殆盡的機率自然較高。

從前的人，生活根本不會好像我們今天那樣，事事要求歡快享受，每餐飯都要吃些甚麼好吃的，吃飽了也撐著肚皮硬把東西往嘴裏塞。塞出個問題來了，就把膽固醇和高熱量食品當成妖魔鬼怪。其實，從頭到尾，那妖魔根本就是人的思想和人的心。

我們對何為「好吃」的定義，著實是一個極富趣味性和啟發性的課題。自從我投入了有關飲食文化的寫作工作以來，身邊多了很多密切和不密切的，或介乎兩者之間的親戚朋友，開始不斷向我傾訴他們吃飯的經驗和看法。當中說得最多的，肯定是甚麼地方的東西好吃，甚麼地方不好吃。有人認為好吃得天上有地下無的店子，就幾乎一定會有另外一些人不以為然，甚至表示不喜歡或討厭。有人會說某店的其中一樣出品美味銷魂，但同時也會有人覺得那東西難吃得要死。然後持不同看法的，開始為自己的心頭好辯護，開始攻擊別人的眼光和選擇，最後情緒超越了理智，大家弄得不歡而散。

以上所說的，是反映出我們被主觀感受支配，而影響到我們的理性層面和認知分析能力的例子。其實除了倚仗難以分享和言傳的個人經驗之外，社會上不同時候所流行著的某些說法和概念，不管是非對錯，都會掌控著大部分人的思維，令我們對一些人、事、物的看法，帶有不自覺的前設和偏見。不是說這些前設或偏見必然脫離事實，只是這種大規模價值觀植入的人間習性，令世人看事情的角度變得片面，缺失了虛心素意地接觸外界事物的赤誠，進而令所有東西都普遍化、單一化。這不但會令我們的認知世界與現實之間出現反覆的割離，更有助偏激思想悄然冒起，遏阻了多元平衡的自然人性發展。

又拿吃東西來作比喻；我們長久以來，因為社會大眾普遍貧窮，而極少數富有的人，卻經常靠公開表演窮奢極侈的生活來炫耀財權，所以我們自古就相信滿桌子山珍海錯、大魚大肉吃得人肚滿腸肥的「盛宴」，是福氣的象徵。像這樣吃東西，就是所謂的「吃得好」了。那時候的人，絕對不會覺得油脂是邪惡之物，不會考慮食物的膽固醇含量。吃得好的概念，跟社會地位和家族面子最有關聯，甚至跟好吃與否差不多完全無關。

我想在從前的社會，大概沒有甚麼人會說出「我不喜歡吃鮑參翅肚」這種話來，除非你是皇帝。就正如今天，大部分人都會覺得吃了魚子醬、鵝肝、和牛、松露之類，就等於是吃了「好東西」，可以向朋輩好好示威一番。不管質素上乘與否，也不懂何謂烹調得宜，總之付了錢吃名貴的飯，好歹就要有這些名貴的食材坐鎮，才可以滿足消費者對虛榮的飢渴。所以，這種靠行為來向別人證明自己價值的心術，其實一直都沒有改變過。

在有關「好吃」與「吃得好」的說法和概念之間，那種因為不知不懂而來的混淆不清，是食味偏見的始源。然而，如此隻言片語，是不容易把這個我個人覺得最普遍的錯誤認知說得清楚明白的。世人對何謂「美食」的概念，除了因為舊有文化背景根深蒂固的影響之外，還有現今社會用來操控一般懶於思考、依賴資訊的大眾，而常常用上的各種與事實不符的商品化標籤。這些加起來，令我們在選擇食物時，根本是完全身不由己，完全被植入的虛假道理所支配，而自己卻還是懵然不知。

有一天，我忽然想到一個非常好的實例，可以簡明地闡釋以上所提到的集體迷思，如何令我們變得堅決地擁護偏見。那就是香港人一直以來對素食的看法。在香港的整體人口中，一直以來都是以中國人佔絕大多數；當中廣東人又是絕大多數。有許多深層次的、不論是對或錯的思維邏輯，暗地裏無不受傳統觀念約束。

譬如前文提及過，香港的廣府話口語中，吃素會講成「食齋」。而「齋」這個字，在口語的運用上，也有跟書面語略有不同的意思在其中。借用了「齋菜」給一般人的素淡印象，香港人非常廣泛地把「齋」這個字，變成了一個萬能的形容詞首。例如「齋啡」，即是黑咖啡，裏面甚麼也沒放；「齋坐」可以指在食店裏光坐著，甚麼食物飲料也不點，亦可說是參加了一個活動，結果甚麼也沒做悶出鳥來。如此類推，「齋」字的確是活靈活現的常用字，但其含意不少時候都帶有空洞不足的貶義。

這種貶義的趨向，其實與大眾如何看吃素這種飲食方式有關。從傳統中國文化的角度來說，素食是齋戒的一種，是一個人因為某些原因，自願被規範而遵從戒律。守戒的意思，即是要把一些行為完全棄絕。這當中還有一種很固執的誤解，就是要去「戒」掉的，一定是人生中各種歡快的享樂。因此大眾都會相信，守戒的人便是所謂的「清心寡慾」，不應有任何來自物質上的快樂。這也引申成吃素就是失去了吃葷在味道上的享受和歡愉，因而斷定吃素是苦悶的、是可憐的，吃素便等如是「吃得不好」。

先別說素食的內容，單就守戒相等於吃苦這個想法，就已經顯示出大眾對戒律背後的意思，和對如何實行戒律，根本就缺乏了解。若果從宗教的觀點來看，戒不但不是放棄快樂，反而是為了脫離苦難這終極目標而作出的手段。不吃肉也不是為了減少味感上的滿足，而是不去傷害其他有形的生命。就算是從生活的角度去看，不吃肉、不吃蛋奶甚至五辛，也不就等於天天都吃難吃的東西。這種看法，確實是十分落後，甚至封建。

素食不等如吃得不好

素食近年成為社會上的另類新潮流，當中肯定有不少西方生活態度的影響滲於其內，也跟一般性的健康飲食有關，甚或是我們面對環境危機的一種理性反應。但在我們的傳統文化中，素食其實一直是其中一種飲食方式。雖然中式的素菜，很可能在味道上、歷史上、種類上和流行程度上，還沒法比得上印度素食文化，沒有彼邦的多元精彩。但好吃的素菜，甚至在製作素食的創意上，其實我們也從來不缺。

例如豆腐的出現，雖然沒有明顯而且廣泛流傳和認同的說法，指出它是一項為吃素而設計的食材，但它的而且確是眾多中國素菜的主題元素，而且更是無數西方現代素肉的靈感來源。我不相信古人會懂得從營養學的角度，去推行以豆腐及由它衍生而來的諸多豆製品，來替代肉類以攝取蛋白質的素食概念。放豆腐在素菜中，可能除了中國傳統飲食習慣上的食材平衡規則，就全是有關於食味、質地、外觀，以及高層次一點的飲食美學和哲學。這些思維，正正是人類吃東西要吃得愈來愈精良的實例。

許多人會說，素肉是個笑話，吃它就是「齋口唔齋心」。我對這個看法不敢苟同。首先，吃素是個人選擇，在不影響其他人的情況下，我無論因為任何原因選擇吃素，都真箇是干卿底事。就算我是因為宗教信仰而吃素，我吃甚麼、我怎樣吃，亦不是你拿來干涉我、批判我虔誠度的話柄。其次，覺得拿一些東西來裝成是肉，然後吃這些假肉的茹素者一定是「凡心未了」，根本忘不了肉香的這個落後看法，也是食肉者站在自己一方，以優越的姿態高高在上地欺凌素食者的表現。這個說法，首先就已經斷定吃葷比吃素好，所以不能吃肉的人是悲慘的。這種思想實在是多麼的反智和醜陋，但偏偏在今天的社會上，堅持這種見解的人仍然不少，對吃素的人和素食文化的種種誤解和歧視，依舊俯拾皆是。

我個人反而欣賞這些巧妙地用肉的代替品來做菜的傳統，覺得這是靈活變通地去運用各式食材，和積極處理烹飪上的挑戰的前進精神。效果好的話，還能令素菜變得比它在「裝」的那個葷菜更有趣味性，也同時展現中國飲食文化富彈性，和具有無限可能性的優點。除了用豆製品，我們還會用麵、用麩、用魔芋、用植物纖維，或者直接用菇菌或蔬菜，來「扮」作不同的「肉」，做出不同的菜。

中式齋菜，尤其是商業食店供應的品種，有不少是借用葷食的菜式，以有趣的想像力，憑不同素材做出層出不窮的「假魚假肉」。有些只是有形無神（有些其實連「形」也欠奉），但有些卻以假亂真，甚至達至另一種新效果。譬如素食的「脆鱔」，便是一個葷菜素烹的異常成功例子。有些用菇菌纖維做的素肉塊，拿來扮作牛腩羊腩，煮一鍋廣東式的「蘿蔔炆牛腩」或者「支竹羊腩煲」，也是維肖維妙。把甘筍剁細，加上以薑糖調味的陳醋，來喚起記憶中吃螃蟹的味道，一味「素蟹粉」便高明地跟食客的味覺玩遊戲，說起來手段其實也很分子料理。我不能不把這種飲食智慧，和最近成為國際飲食熱話，由 Bill Gate 投資推動的素肉品牌「Beyond Meat」聯想在一起。這種由內到外、由質地到營養成份都在刻意「扮」肉的新產品，很可能是未來世界用來對付人口過剩、食物短缺和環境破壞的其中一個方案。

若干年前，由香港人發起的「Green Monday」運動，至今已經穩扎本地踏足國際，成為全球未來飲食先導者之一，是值得我們香港人驕傲的世界級商業善舉。他們最新推廣獨家研發的「新豬肉（Omnipork）」，特別為亞洲飲食習慣而設，革命性地令中國菜、越南菜、泰國菜等等，終於可以做出手到拿來的真美食。不少本地大小中菜名廚試用 Omnipork，都能做出令人難以置信的效果。這個年代，還在拘泥於甚麼「齋口唔齋心」，也未免思想太落後，太以小人之心度君子之腹了。

中國人「扮」肉的素菜，原來出現的原因當然不會是為了拯救地球；但這種為了「吃得好」而絞盡腦汁的創意，現在看來其實是十分先進和眼光遠大的。所以說，素食根本不應該是種懲罰，而戒律也只是善行與緣份。有這樣優秀的植物為本的未來食材，令素食能夠擺脫次等餐糧的舊標籤，而且有益身心營養均衡，委實是人類應有的進步與覺醒。

不敬而酒

杯中物的道德

中國人的社會，比方說香港的主流社會，飲酒似乎並不算是個很大的民生問題。不是說完全沒有問題，譬如因酒後駕駛而生事的個案，依然有值得關注的數量。但因為酗酒而出現的嚴重社會問題，其普遍性卻是遠比西方國家為低的。香港有法例，禁止向未成年人士銷售酒精類產品；而外國除了禁售予未成年者，有些地方如北美洲的加拿大，酒更是不能在一般超市便利店之類平常等閒的店舖售賣的，只有在政府管理的專門店才可以買到，而且稅率奇高，亦限制得非常嚴格。

在美國，合法飲用和合法購買含酒精飲料的年齡是二十一歲，但香港就只有十八歲；而美國和香港，投票年齡均為十八歲（美國極少數城市，地方選舉的法定投票年齡只有十六歲）。這可以看成是美國政府相信，即使你夠資格以神聖的選票來表達意見、參與政治，你還是未有足夠的自制能力去善用酒精。

飲酒與投票，哪個比較需要負成年人的責任，並不是在這裏要討論的議題。但為何世界各地對酒精這東西，都有一定程度的限制，這便應該和酒精會對人做成不良影響有關（世界上其實有不少國家是完全禁酒的，但那是為了宗教信仰的原因，所以不可混為一談）。

但又如果酒真的如此害人不淺，為甚麼我們不就一了百了，完全地摒棄它便算呢？我不是一個酒精的愛好者，所以我沒有去思考過研究過這個問題。但作為一個飲食文化文章的作者，從多年的飲食經驗和觀察中可以看到的是，酒肯定是世界不少地方文化的一部分，而且有其歷史上、工藝上和美學上的存在價值。

水能載舟、亦能覆舟；同樣地，我也相信酒能怡情、亦能亂性。世界上的所有事，本質上都沒有正反對錯。有的都是我們主觀地附加上去的標籤和情感。說酒精害人，是對酒的不公，對用心用意地去釀造它的匠人們的不敬，也是對人類文明的不信任。要知道，喝酒喝出禍來，大多數跟生活環境中許多不同的範圍有關，譬如教育、經濟、家庭、貧窮等等。

酒許多時只是讓問題浮現出來的媒介，是當社會上有某些方面失衡了，某些方面腐敗了，便會有人借酒消愁，用酒精來幫助自己去逃避可怕的現實。這樣喝酒，既不是有所需要，亦沒有味覺上的追求，跟濫藥、吸毒是類似的情況。

當然，因為太愛喝酒，又不能自控而喝出問題的例子，也絕對是有的。但真正對酒有濃厚興趣，會花時間精神去鑽研它的負責任飲家們，我遇到過的大都是頭腦清醒，用智慧來品嚐的，不會被酒精反過來操控自己。因此有人會談「酒品」，即是憑一個人怎樣去喝酒，便可以大致上推考他的為人以及品格。

「酒品」好的人，除了不會酒後傷人、借酒行兇，不會遊說甚至迫令任何人（包括自己在內）去喝酒，更不會無緣無故地亂喝一通，和不負責任地浪費美酒。酒品和個人的性格好壞有關；其實「品酒」的道行亦然。大家可能覺得，有嘴巴的都會喝酒吧，怎麼會跟性格有關那麼誇張？說是性格，因為我相信性格決定一切。光有絕頂聰明的腦筋，但性格上有很大缺憾，沒法做大事、成大器，這可算是經典的悲劇例子之一。反而因為性格很完滿，因此得到長線延續性的成就，卻是不少成功個案的實情。

擁有不健康性格的人有許多弱點，其中包括懶惰與自滿。不願付出，不屑費心，覺得自己甚麼都懂，覺得最重要是我喜歡，事事以自我為中心，這些都是阻礙學習和進步的絆腳石。世界上有那麼多不同的酒，一個人就算有一百歲的壽命，窮一生酒量也沒可能一一嚐盡。吹噓自己最懂的人，很多時卻正正是懂個屁。真正懂的人，深諳那是個無窮無盡的偌大世界，因此願意讓自己浸淫在其中，不會去計較口舌上的高下。

我自己便是一個對酒這回事一竅不通的例子。有關配酒的藝術、有關酒的種類，和它們的歷史及特質，我可真是全無認識。所以我外出吃飯，想喝點甚麼的，都會交由對此有研究、有認識的朋友張羅；又或者餐廳有侍酒師的話，就更加義無反顧地相信他或她的專長，聽取意見，放開心情，讓侍酒師為你配搭出最能跟菜餚相得益彰的佳釀。

偏偏，願意這樣去成就美事的人，還未算是多數。為了不讓人家覺得自己不懂，於是拿著餐廳酒單充內行，亂點鴛鴦、貽笑大方的實例，我是不幸地目睹過的。當然還有請客吃飯，拿一兩瓶來歷不明的天價 Lafite 或 Margaux 甚麼的，也不理吃的菜配不配，總之旨在炫耀財力、掩飾自卑。那些被硬生生跟酸菜魚或麻辣兔頭雜交的曠世名酒，下場真是教苦苦釀造它們的酒父母們情何以堪。

除此之外，紅酒加冰、啤酒溫喝等怪事，也許依然在龍的食桌上天天發生。但有一樣從前看不過眼的事，到了很久之後才知道，原來只是我的無知和自以為是。在我成長的七十年代，葡萄酒幾乎是完全不會在中菜世界出現的。那年代雄霸香江華筵的，一定是干邑白蘭地。當時以為自己甚麼都懂，道聽塗說得知洋人視白蘭地為餐後酒，因而譏笑別人是亂喝一通的土包子。事實是，當吃的不是法菜時，是否還應該緊隨法菜的習慣和規則呢？那年代的香港老饕跳出框框，運用豐富的飲食智慧和見識，以千邑的辛辣醇厚，來衝擊老式華麗粵菜的大魚大肉。明顯地，不知曉箇中奧妙的，其實是我這個帶著性格弱點的半桶水。

膳莫大焉

吃的教育

香港是個溫吞之地。何謂溫吞、何謂硬橋硬馬，當然只不過是個相對而言的感覺，並不是能夠科學性地去量度的絕對標準。所以說香港溫吞無力，也只是一種情感上的喟嘆而已。我之所以如此說，更多是因為在飲食口味上，觀察到香港人的普遍取向，才有這樣偏頗的註腳。我一廂情願的想法，肯定不能反映事實的全部，也只應看成為個人經驗分享，難以認真看待。

有不少人愛形容香港人的口味「腌尖」、「挑剔」、「了能」、「刁鑽」，只吃最嫩最滑、最鮮最甜的東西，而且把這種口味定性為「會吃」、「懂吃」。電視飲食節目、坊間主流市場，無不以這種角度去宣揚香港那個「美食天堂」的稱譽，而且幾十年不變，自我沉醉其中。在廿一世紀差不多要進入二十年代，正值巍巍大國也急不及待要向世界證明自己已經現代化，已經又富裕又強大的今天，還以這種不尖不吃的態度來定性何謂吃得好，是否有點太過落後於時代，落後於當前世界的主流價值呢？

炫耀自己的饌膳，是從基本生活上去區分彼我和劃分等級的心理計算。說穿了，到底還不是對自己的身份地位沒有安全感，和對自己的存在價值感到含糊不實的反映。那些粗糙的、下價的、不值錢的貨色，被看成為貧賤的代表，只適合貧賤的口舌肚皮去承受。這種根深蒂固的勢利，是我們從小就不斷地被灌輸的觀念。

爺爺奶奶愛孫深切，煮了一隻白切雞，一定要把雞腿留給小娃娃，以證明他或她是長輩眼中的寶貝，地位超然。這是對小孩子非常普遍的寵愛。但若不加以循循善誘，孩子很可能就開始學會從食物去把人分等級，慢慢培養出分別心。雞腿雞腳誰高誰低，影響著我們往後一生待人處世的態度和想法。

飯桌上發生的事情，雖然大部分時間都是「家常便飯」，但潛移默化的力量，是絕不應低估的。小孩和大人吃飯，那頓飯座上有甚麼人，他們之間是甚麼關係，其實就是我們學會甚麼是人情，甚麼是世故的處境習作。吃飯前要請安，長輩未起動小輩不能輕舉，乃至用筷子的禮儀、拿碗的手勢、吃東西的次序分量和規格等等，都是如何去洞悉和掌握人生路上種種緩急輕重的基礎訓練之一。這些一點一滴自孩童時期的影響，當然也會直接塑造出日後他們的飲食道德與習慣。

然而，這個模式卻正在經歷前所未有的急速轉變。今天的家庭，孩子能跟家人一起吃飯的機會，一般都比我成長的年代少。而且，飯菜已經大多是由外傭烹煮，煮好之後怎樣吃，也是由外傭負責監督處理。外傭根本不會知道我們的文化，於是一個由美學到倫理到規律到口味的斷層，就把新一代和他們的來龍去脈、故土根苗都給隔開了。

我絕對敬佩香港的外傭。他們對我城過去幾十年以來的生產力所作出的扶助乃至貢獻，可說是難以量度地大。你試想像，有一天你大學畢業，為了更好的工錢，隻身到一處人生路不熟的異邦城市，被迫學習人家的語言和生活習慣，還要天天煮一些自己從來沒有吃過的菜，為的只是那微薄的金錢回報，也不能說不坎坷。所以，他們有部分人竟然能煮出我們從小到大習慣吃的味道來，這種敬業樂業我實在是覺得無比神奇的。

但事實是，當我們大部分家庭，都把廚房無可奈何地交託給外傭時，那種之前一代又一代不曾間斷地流傳下去的家常便飯的大智慧，便會從此從這片土地之上失落。回憶的味道沒有著落，對於城市裏一大群有經歷有年歲的人而言，是一種深層的失落與遺憾。但從更大的層面上看，從前維繫著「家庭」這個社會最基本單元的，就是聚首一桌的住家飯。不論身份地位，也無分貧富貴賤，家常餸菜就是家庭成員的歸屬所在。

無論外面的風雨有多大，回到家享用一碗媽媽親手煮的湯，奶奶親手燒的菜，爸爸親手沏的茶，全部要比任何珍饈都更珍貴，也比任何東西、任何說話更能安撫心靈。今天我們在物質充裕之時，卻似覺心裏空虛，很可能就是欠缺了這些能夠洗滌心靈的實體精神食糧，也欠缺了小時候看不起或看不到，長大後才覺得遺憾、覺得若有所失的住家菜時光。

已經是許多年前的事：曾經有一張電視劇主題曲雜錦專輯，名字叫《電視主題曲送飯》。這個有趣的專輯名字，正好反映香港家庭生活常見的一面。七八十年代是電視的黃金時代，邊看電視邊吃飯的光景，完全是香港家庭的印記。那時候，吃的是家人弄的簡單安樂飯，看的是富香港特色的節目，合起來也算是種普及文化的養份，養活了一代肩負傳統、挑戰未來的香港人。那傳統文化的依歸，有部分肯定是源自成長時的家居食桌之上。

今日，電視送飯早已變成電話送飯。當資訊由被動地接收，變成表面上主動選取，實際上可能更被動地被資訊支配之時，我們的飲食基礎，也由家裏長輩們做的菜，變成媒體教導你如何吃、怎樣吃。不知不覺間，我們的城市口味變成由媒體主導。電話送飯不單是個場景和現象，更是一種全新的維繫群體價值觀和美學的行為。就如先知先覺的張愛玲所說：「生活的戲劇化是不健康的。像我們這樣生長在都市文化中的人，總是先看見海的圖畫，再看見海；先讀到愛情小說，後知道愛。」我們今天的戲劇化，已經伸展到吃那裏去。先看見或聽見一個菜的圖片或錄影，然後懷著主觀意欲去吃，吃出個甚麼來都只是二手體驗，對自己、對那道菜都未必公平。

今天，媒體的影響力是無遠弗屆、無孔不入的。而飲食這個題材，亦於過去十數二十年間，一躍成為人人關注，乃至人人關事的重點。我們每個人都要吃飯，這跟許多其他事物如音樂、閱讀、運動或繪畫等等，有著看起來屬於本質上的不相同——不是人人都會聽音樂的，也不是人人都有運動的習慣的。

因此飲食獨大，似乎是很正常的現象。從媒體的關注度，到實際上可以流動的經濟效益，飲食都是千禧年後的超新星。可以跟隨其後的，就好像只有旅遊，但在氣焰上依然明顯差了幾度火候。你看今天高調曝光的名廚，在數量上和程度上都遠比名旅遊家多，便可知一二。或者說，名旅遊家許多時也要兼任國際美食家，才能推動其事業持續發展。

這個飲食資訊急速崛起的過程中，飲食跟利益的關係亦隨之而漸漸變得緊密起來，用食物來編彙出種種勾當的現象應運而生。勾當無不商業，這是鐵一般的事實，兼且無可厚非。而「美食」這事情，也從此由一種安慰心靈、團結家人的味覺記憶，又或者是給人欣賞、給人快樂的藝術創作，伸展成用來衡量經濟價值和階層等級的軟性標準。就好像房子、車子和衣服一樣，其實由來都是一個人的身份象徵，多於個人的選擇和品味。而最壞的地方，亦正正是本來這些衣食住行早已成為行使勢利價值觀的工具，但大家卻愈來愈樂意把它們修飾成個人生活態度的表現，用一個迷惑至深的說法——「lifestyle」來美言掩飾、顛倒眾生。

讓我在這裏跳談一下 lifestyle。最新的時髦飲食趨勢，是甚麼都追求可持續性的、非侵入性的、走近自然的「行為舉止」。說是行為舉止，是因為去如此這般地吃，是抱持某種信念而作的行為，多於是吃的本身。行為除了希望改變世界，也希望讓其他人看到，好導他們向善。我絕對不會對這種做法的立心有絲毫懷疑，只是今日的社會文化主流，其實事事都只虛幻得像個沒實體的口號。

當這種好心腸被定性為一種 lifestyle 的時候，可能又會有大量產品、大量食品隨之而來，好讓大眾可以方便地追隨並且完滿地表達出正念，也順便賺些錢（甚或順便發個達）。這種情況教人情何以堪的地方，是當我們在努力而且老實地奉行一種 lifestyle 之時，是否真的在盡自己的一點綿力去改變世界？還是我其實在相信一套理念的同時，就已經跌入了跟自私的商業世界同流合污、狼狽為奸的陷阱之中？

飲食的道德，是一個非常大的課題。雖說是大，卻不是一個事不關己的藉口。我深信一切的正道在於教育，而教育是不單單發生在學校的課室裏，而是在任何場地、任何事情之上的，尤其是自幼在家的生活教育。中國人向來習慣在飯桌上解決一切事——慶生是筵席、解穢也是筵席；結婚是筵席、餞行也是筵席。我們的人際關係，我們的智慧美學，都能夠在一席飲食上完全地體現出來。一個人學習如何去看自己，如何在群體中存活，如何去照顧及遷就其他人的需要，如何去遵行自己的責任，完成自己的義務，其實都在洗菜煮飯到收拾碗盤之間有所啟示。這些都不是 lifestyle，而是 life。我們為人處世，是應該 live a life，而不是 live a lifestyle。

別以為只有 lifestyle 是可以選擇的，其實 life 也一樣可以選擇。如果我們從小就知道不是每一口飯都是美味的，但不論好壞都要把那一口飯吞下肚，因為人生其實就是這樣的話，許多人生路上的顛簸不平，我們就不會再當是一回事。懂得這樣去吃，亦根本不會有偏吃的問題，也不會因為偏吃而浪費食物和影響健康。自小習慣了粗細雅俗的食物都能入口，而且可以在它們當中同樣找到趣味的話，我們便不會發展出萬惡之源的分別心和比較心，不會習慣輕易從外表上去接受或者排斥任何事物和任何人。我們亦不會因為吃不到甚麼而自卑，或是因為能夠吃到甚麼而自大。要知道，「吃」在心理上其實就是「得到」的幌子，吃得開、吃得不斤斤計較，也就等於心胸開闊，少受貪慾所操控。

其實，許多人就是覺得「食」不是些甚麼了不起的事。到外面吃飯，胡亂點菜胡亂改菜，東不吃西不吃嫌這嫌那，然後吃剩一大堆還要賴不對口味不好吃。這些行為，我敢膽說都是家教不嚴而成的惡果。別以為好像沒有甚麼大不了，事實上習慣吃剩的浪費行為，是形成我們環境生態危機的原因所在。不合意的菜可以不點，亂改菜色是對廚師專業知識的藐視，對傳統文化的不敬。偏吃是嬌縱自己的行徑，是准許自己胡作妄為的心理反映，更是奉行自我中心的無言表述。

見微知著，我們的傳統文化和民族智慧，把為人之道聚焦在自幼而起的飯桌禮儀和飲食訓練之上，實在是有精深的道理在其中。由學懂拿筷子開始，我們的人生路上，多少平坦幾許沙石，其實和我們選擇夾起甚麼放進口裏，原來是有這樣一重微妙的關係的。

作者簡介

于逸堯

香港人，香港中文大學社會科學學士，主修地理，卻以音樂為終生職志。一九九六年創作《再見二丁目》得以入行，一九九九年與黃耀明等人創立「人山人海」獨立音樂廠牌，運作至今。二〇〇六年開始寫作有關飲食文化的文章，著有《文以載食》、《食以載道》、《食咗當去咗》、《半島》、《暢遊異國　放心吃喝》、《天地一餛飩》及《不學無食》。現為《MilkX》及《am730》等報章雜誌撰寫專欄文章。

不學無食

增訂版

于逸堯　著

責任編輯　寧礎鋒
書籍設計　姚國豪
插畫　周耀威

文章刊載於二〇一五年九月至二〇一七年二月的香港《明周》雜誌「不學無食」專欄。

出版　三聯書店（香港）有限公司
香港北角英皇道四九九號北角工業大廈二十樓
JOINT PUBLISHING (H.K.) CO., LTD.
20/F., North Point Industrial Building,
499 King's Road, North Point, Hong Kong

香港發行　香港聯合書刊物流有限公司
香港新界大埔汀麗路三十六號三字樓

印刷　美雅印刷製本有限公司
香港九龍觀塘榮業街六號四樓A室

版次　二〇一九年七月香港第一版第一次印刷

規格　特十六開（150mm × 210mm）二四〇面

國際書號　ISBN 978-962-04-4522-4

Published & Printed in Hong Kong

三聯書店
http://jointpublishing.com

JPBooks.Plus
http://jpbooks.plus